# 中国环境与发展国际合作委员会
# 环境与发展政策研究报告
# 2018

# 2018

中国环境与发展国际合作委员会
环境与发展政策研究报告

China Council for
International Cooperation on
Environment and Development Policy
Research Report on
Environment and Development

# 创新引领绿色新时代

INNOVATION FOR
A GREEN NEW ERA

中国环境与发展国际合作委员会秘书处／编

中国环境出版集团·北京

**图书在版编目（CIP）数据**

中国环境与发展国际合作委员会环境与发展政策研究报告．2018：创新引领绿色新时代 / 中国环境与发展国际合作委员会秘书处编．-- 北京 ：中国环境出版集团，2019.6
ISBN 978-7-5111-3970-2

Ⅰ．①中… Ⅱ．①中… Ⅲ．①环境保护－研究报告－中国－2018 Ⅳ．①X-12

中国版本图书馆 CIP 数据核字（2019）第 083346 号

**出 版 人** 武德凯
**责任编辑** 黄 颖
**责任校对** 任 丽
**装帧设计** 宋 瑞

---

**出版发行** 中国环境出版集团
（100062 北京市东城区广渠门内大街 16 号）
网 址：http://www.cesp.com.cn
电子邮箱：bjgl@cesp.com.cn
联系电话：010-67112765（编辑管理部）
发行热线：010-67125803，010-67113405（传真）
**印 刷** 北京建宏印刷有限公司
**经 销** 各地新华书店
**版 次** 2019 年 6 月第 1 版
**印 次** 2019 年 6 月第 1 次印刷
**开 本** 787×960 1/16
**印 张** 8.75
**字 数** 145 千字
**定 价** 58.00 元

---

# 出版说明

中国环境与发展国际合作委员会（简称国合会）2018 年年会于 11 月 1 日至 3 日在北京召开。本次会议是第六届国合会（2017—2021 年）第二次年会，主题为“创新引领绿色新时代”。韩正副总理出席年会开幕式并发表题为“全面加强生态环境保护　加快推进美丽中国建设”的重要讲话。会议听取了国合会“全球环境治理与生态文明”“绿色城镇化与环境质量改善”“创新与可持续生产和消费”“绿色能源、投资与贸易”等四大课题相关政策研究情况的报告，经全体委员会议和“迈向绿色低碳循环发展”圆桌会以及绿色“一带一路”与 2030 年可持续发展议程、创新发展路径应对气候变化、2020 后生物多样性保护、海洋环境治理、创新引领绿色城镇化、美丽中国 2035、绿色消费与绿色转型、长江经济带绿色发展创新等 8 个主题论坛充分讨论，广泛听取中外委员和专家意见，形成年会给中国政府的政策建议。

国合会委员认为，世界的未来有可能会受到各种冲击的影响，其中许多冲击都将涉及环境风险。一些大国正试图退出环境协议和其他国际协议，贸易战可能会影响应对全球气候变化的行动，生物多样性丧失会影响到减贫。当前，中国已成为绿色发展的重要参与者，其所面临的新的重大挑战就是在持续深化国内绿色发展进程的同时，在全球这一领域内发挥更重要的作用。这样才能保障美丽中国目标的实现，为子孙后代留下一颗健康的星球。

本报告综合了国合会 2018 年政策研究成果、国合会 2018 年年会给中国政府的政策建议、中国环境与发展重要政策进展（2017—2018 年）与国合会政策建议影响报告以及国合会 2018 年关注问题报告，供国内各级决策者、专家、学者和公众参考。

# 全面推进改革创新 为打好污染防治攻坚战提供坚强保障*

生态环境部部长　国合会执行副主席　李干杰

11 月 2 日—3 日，中国环境与发展国际合作委员会 2018 年年会全体会议及闭幕式在京举行。生态环境部部长、国合会中方执行副主席李干杰出席会议并讲话。

在全体会议上，李干杰发表了题为“全面推进改革创新　为打好污染防治攻坚战提供坚强保障”的主旨演讲。他指出，2018 年是中国改革开放 40 周年，也是中国生态环境保护事业发展史上具有重要里程碑意义的一年。中国政府对生态文明建设和生态环境保护做出一系列重大决策部署，充分体现了坚定不移走生产发展、生活富裕、生态良好的文明发展道路的决心和意志。在理念引领方面，全国生态环境保护大会胜利召开，正式确立习近平生态文明思想，为加强生态环境保护、建设美丽中国提供了方向指引和行动指南。在顶层设计方面，印发《关于全面加强生态环境保护　坚决打好污染防治攻坚战的意见》，进一步明确了打好污染防治攻坚战的时间表、路线图、任务书。在机构改革方面，新组建生态环境部，统一行使生态和城乡各类污染排放监管与行政执法职责。在法治保障方面，十三届全国人大一次会议表决通过宪法修正案，把新发展理念、生态文明和美丽中国建设的要求写入宪法。在习近平生态文明思想的指引下，全面推进蓝天保卫战，着力打好碧水保卫战，稳步推进净土保卫战，大力实施生态保护和修复，扎实开展环境执法督察，生态环境保护工作取得积极进展和成效，生态环境质量持续改善。

李干杰强调，打好污染防治攻坚战是全面建成小康社会决胜期的三大攻坚战之一，也是一项伟大而艰巨的历史任务和时代使命。必须持续推进改革创新，

* 本文为生态环境部部长、国合会执行副主席李干杰 2018 年 11 月 2 日在中国环境与发展国际合作委员会 2018 年年会开幕式上的讲话摘编。

推进生态环境治理体系和治理能力现代化，为打好污染防治攻坚战提供支撑和保障。要加快发展模式创新，以落实“生态保护红线、环境质量底线、资源利用上线和生态环境准入清单”为抓手，全面推动绿色发展。深化体制机制创新，抓紧推进生态环境系统机构改革，健全生态环境管理制度体系。推动管理方式创新，更好发挥经济、市场和技术的支撑保障作用，健全环境保护督察执法机制。加强科学技术创新，强化污染治理、生态修复等领域关键技术攻关，积极构建绿色技术创新体系。推动公众参与创新，健全生态环境宣传工作和教育活动的方式方法，提升全社会关心、支持和参与生态环境保护的意愿和行动。推动全球环境治理体系改革创新，落实2030年可持续发展议程，建设绿色“一带一路”，积极应对全球气候变化。

李干杰表示，中国政府高度重视国合会发展，中共中央政治局常委、国务院副总理、国合会主席韩正出席2018年年会并发表重要讲话，展示了中国政府积极参与全球环境治理、推动建设清洁美丽世界的积极意愿与坚定信心，并表示支持国合会发展成为全球包容、开放合作、互惠发展的新型环境与发展国际合作平台。当前中国乃至全球环境与发展事业面临的环境和条件都发生了一些变化，不确定性有所增加，但中国政府坚决打好打胜污染防治攻坚战的决心和信心坚定不移，坚持走可持续发展道路、实现2030年可持续发展议程目标的决心和信心坚定不移，持续推进生态文明建设、建设美丽中国的决心和信心坚定不移，积极参与全球环境治理、共同保护好人类赖以生存的地球家园、共同构建人类命运共同体的决心和信心坚定不移。希望第六届国合会秉承历届国合会的优良传统，继续深化高层政策直通车的作用，更加关注全球生态环境重大问题，积极分享知识、经验和智慧，将国合会打造成新型环境与发展深度合作的国际平台，为建设美丽中国和清洁美丽世界做出新的更大贡献。

# 目　录

第一章　全球海洋治理与生态文明 /1

一、前言 /3

二、现状与趋势 /6

三、海洋生物资源管理面临的挑战 /14

四、中国海洋生物资源管理政策进展 /30

五、海洋生物资源管理的国际经验 /32

六、政策建议 /42

第二章　中国环境与发展国际合作委员会 2018 年年会给中国政府的政策建议 /47

一、加强气候变化减缓行动，提升中国对全球气候治理的贡献 /49

二、积极推动《生物多样性公约》履约，在制定 2020 后全球生物多样性保护目标方面发挥强有力的领导作用 /50

三、加强海洋生态环境治理，强化中国在全球海洋治理体系中的作用 /52

四、推动绿色“一带一路”建设，共建“一带一路”绿色发展国际联盟 /53

五、推进长江经济带绿色发展，推动长江保护立法 /54

六、强化政策、规划、技术等各方面的创新，引领中国绿色城镇化 /56

七、协同效应 /57

第三章　中国环境与发展重要政策进展与国合会政策建议影响（2017—2018 年）/59

一、习近平生态文明思想成为新时代生态环境保护工作指南 /62
二、环境与发展规划 /64
三、生态系统和生物多样性保护 /69
四、能源、环境与气候 /72
五、污染防治 /75
六、治理与法治 /79
七、区域和国际参与 /86
八、结语 /90

第四章　创新与生态文明　中国与世界的“绿色新时代”
——中国环境与发展国际合作委员会 2018 年关注问题报告 /101

一、导言 /103
二、中国的“新时代”/104
三、全球的绿色新时代 /106
四、可持续未来的创新、战略和行动 /109
五、第六届国合会政策研究战略 /112
六、关注问题：2020—2035 目标 /114
七、结论 /120

附　件　国合会 2018 年年会主要参会人员名单 /121

致　谢 /128

# 第一章

# 全球海洋治理与生态文明①

① 本章内容来自苏纪兰与温特共同领导的全球海洋治理与生态文明专题政策研究下属的“海洋生物资源与生物多样性”工作组。

# 一、前言

## （一）海洋生物资源的价值

海洋生态系统蕴藏着丰富的生物多样性，给人们带来了诸多惠益。海洋生物资源（LMR）在世界上许多地方都有着文化价值。自古以来，它们在世界各地的神话、宗教、标志物和故事中都扮演着重要角色。许多人喜欢通过潜水、观鸟、垂钓和其他形式的娱乐活动直接与海洋生物进行互动，这些活动在世界各地支撑起利润丰厚的旅游业。与此同时，海洋生物资源还为地球环境提供了重要的调节和支持服务，例如，生成氧气、物质循环、水质净化、碳封存和缓冲海浪和风暴潮。这些服务功能对于全球不断增长的海洋经济有着难以估量的巨大贡献，其估值可能高达数千亿美元。然而，海洋生物资源提供的各类服务并未获得充分认可。目前大多数政策都未涉及保护海洋生物资源的内容，导致海洋生物多样性正在下降，生态系统服务及其提供的价值也正在丧失。这些损失反过来又将危害人类健康、粮食安全和生计，增加失业和贫困等。

海洋生物提供的最重要和最广泛的生态系统服务，是通过捕捞渔业和海水养殖提供海产品。对于一些人来说，海产品意味着更加有趣和多样化的饮食，从而建立起与海洋的更深层联系。对于其他人来说，特别是在发展中国家热带地区的许多地方，海产品是粮食安全和营养的重要组成部分。事实上，全球20% 的人口高度依赖海产品作为微量营养素的来源，因为仅需少量的微量营养素就可以满足重要的生理功能①。渔业和海水养殖不仅可以提供食物，还可以提供收入和生计，仅中国就有 1380 万渔民。渔业和海水养殖不仅惠及这些依海为生的人，还将惠及许多配套服务业，如渔具生产商、船舶生产商等，以及海产品供应链上的加工商、餐饮和其他企业，从而大大提高整个产业链的就业岗位和销售利润。

应该看到，未来全球海产品供应的增长将主要依靠海水养殖业。多年来，全球海水养殖产量一直在增加，有望逐渐接近甚至超过捕捞渔业的产量。此外，

① GOLDEN C D, ALLISON E H, CHEUNG W W, et al. Nutrition: Fall in fish catch threatens human health[J/OL]. Nature, 2016,534(7607), 317-320. doi:10.1038/534317a.

全球海水养殖产量的增长潜力巨大[①]。

另外，海水养殖也可能对海洋生态系统及海洋生物资源产生的其他价值（包括捕捞渔业）构成相当大的威胁。例如，黄海北部沿海地区近年来屡次出现浒苔（Ulva prolifera）绿潮大规模暴发事件，对该地区的旅游业及其他文化产业造成了威胁。虽然有多种因素导致了此种藻类暴发事件，但最重要的驱动因素是江苏沿海的紫菜养殖场为这些藻类生长提供了大量额外的空间[②③]。

当然，海水养殖也可以产生生态效益，包括水质净化，以及通过海藻养殖创造仔稚鱼栖息地[④]，但这些效益是附带的，而不是经过规划或优化的。

## （二）中国的海洋生物资源

中国拥有辽阔的专属经济区（EEZ）海域，海岸线长达 18000 千米，横跨纬度超过 20°。中国专属经济区从广西北部湾和南海的热带海域延伸至东海亚热带海域，并进入北部的黄海温带海域。中国专属经济区和渤海代表世界上三个大海洋生态系（Large Marine Ecosystems, LMEs），其显著的生物地理梯度暗示着中国海洋生物资源多样性。事实上，涵盖了海洋生物资源及海洋生态系统其他价值的海洋经济，已成为中国国民经济的重要组成部分，年产值 7000 多亿元，占 2017 年 GDP 的 9% 以上[⑤]。

中国对海洋生物资源的依赖主要体现在利用海产品生产来满足本国的大部分市场需求（图 1-1）。中国捕捞和养殖水产品主要在本国消费，占国内水产品消费量的 85% ～ 95%，出口量仅占水产品总量的 6% 左右。但是，中国的海产品出口处于高价值端。2016 年，水产品出口额为 207 亿美元，占中国农产品出口总额的 28%。相比之下，水产品的进口额为 94 亿美元，其中大部分是低价值的鱼粉[⑥]。

①GENTRY R, FROEHLICH H, GRIMM D, et al. Mapping the global potential for marine aquaculture[J]. Nature Ecology & Evolution, 2017,1: 1317-1324.

②PANG S J, LIU F, SHAN T F, et al. Tracking the algal origin of the Ulva bloom in the Yellow Sea by a combination of molecular, morphological and physiological analyses[J]. Marine environmental research, 2010,69(4):207-215.

③LIU D, KEESING J K, HE P, et al. The world's largest macroalgal bloom in the Yellow Sea, China: Formation and implications. Estuarine[J], Coastal and Shelf Science,2013, 129: 2-10.

④ 刘慧，孙龙启，王建坤，等 . 环境友好型水产养殖现状、问题与应对建议 [M]// 唐启升，等 . 环境友好型水产养殖发展战略：新思路、新任务、新途径 . 北京：科学出版社，2017：14-34.

⑤ 国家海洋局 . 2017 年中国海洋经济统计公报 [EB/OL]. 2018. [2018-01-16]. http://www.come.gov. cn//node1434.jspx.

⑥ 农业部渔业局 . 中国渔业统计年鉴 [M]. 北京：农业出版社 , 2017.

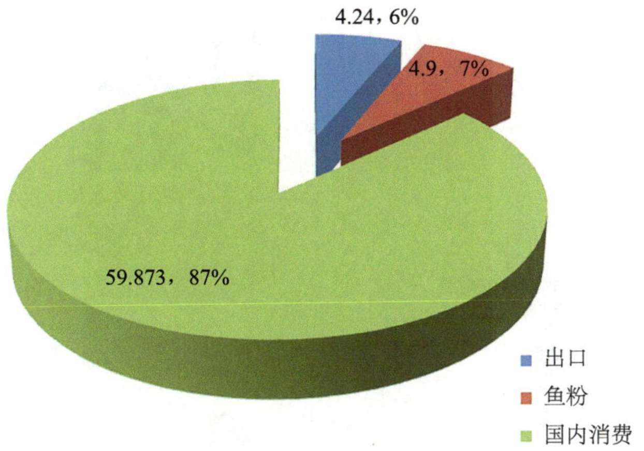


**图 1-1　2016 年中国水产品市场（数据以百万吨和百分比表示）**

数据来源：农业部渔业局 . 中国渔业统计年鉴 . 北京： 农业出版社 , 2017.

然而，中国对海产品和其他高价值海产品的需求正在增长，中国也越来越多地从国外进口海产品，特别是高价值产品[①]。中国海洋生物资源已经被过度捕捞，渔业种群衰退严重，这不仅降低了中国生产高价值海产品的能力，也使生态系统更容易受到气候变化的影响并面临崩溃风险。远洋渔业缺少开发潜力，也缺乏可持续渔业管理所需的能力建设（技术专业知识、技术和投融资）。与此相似，海外的海水养殖产品需要以可持续的方式发展，以确保长期可靠的供应。为了满足富裕起来的社会群体对高价值海产品日益增长的需求，中国将需要修复其国内海洋生态系统，使国内海产品生产具有可持续性，并设法鼓励其他国家可持续地管理其资源，同时这两个方面也都需要建立抵御和适应气候变化的能力。这些措施也有助于保护和发展中国海产品生产相关行业的利益。

2016 年，中国渔业经济总产值 2.366 万亿元，其中渔业总产值 1.2 万亿元，相关的工业和建筑、流通和服务业产值约 1.16 万亿元。渔业总产值中占比较大的为淡水养殖（5813 亿元），其次为海水养殖（3140 亿元）和海洋捕捞业（1977 亿元）。休闲渔业为 664.5 亿元，但呈持续上升趋势。全国水产品加工企业有约 9700 家，水产品年加工总量约 2165 万吨，其中海水产品加工总量 1775 万吨，所占比例较高（图 1-2）。

① 农业部 .2017 年我国水产品进出口贸易再创新高预计 2018 全年贸易顺差将收窄 [EB/OL]. 2018. [2018-06-02]. http://www.moa.gov.cn/xw/bmdt/201803/t20180314_6138388.htm.

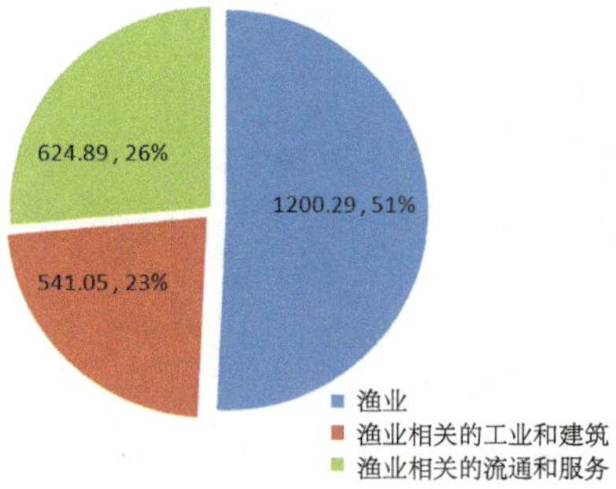


中国渔业经济主要成分产值及比重

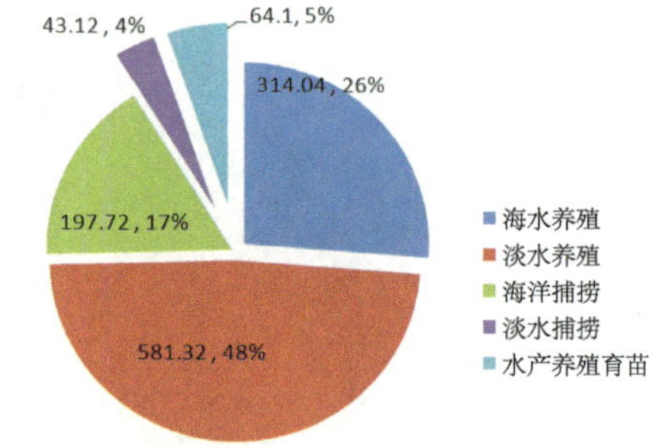


中国渔业总产值主要构成及比重

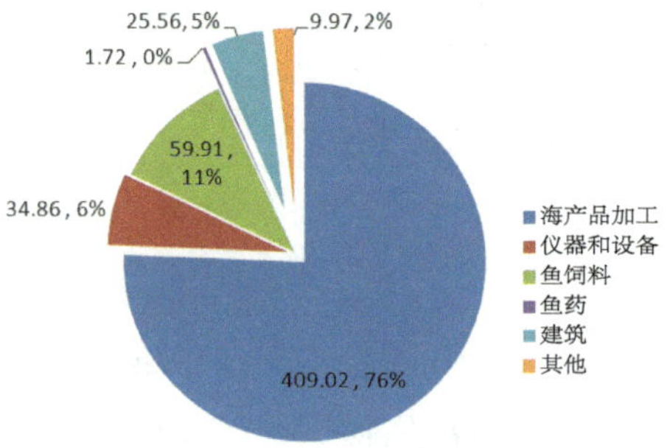


中国渔业工业和建筑业总产值主要构成及比重

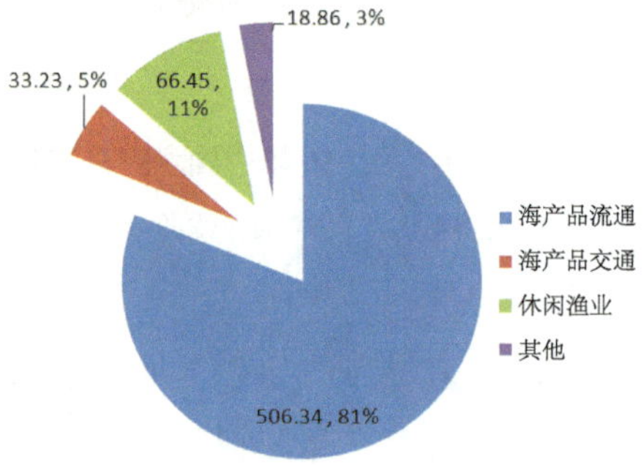


中国渔业流通和服务业总产值主要构成及比重

**图 1-2　2016 年中渔业经济结构（单位：产值 / 亿元，比重 /%）**

数据来源：农业部渔业局 . 中国渔业统计年鉴 [M]. 北京 : 农业出版社 ,2017.

## 二、现状与趋势

### （一）中国的水产品需求

近半个世纪以来，中国的水产品总量呈现稳步增长的趋势，目前约占全球水产品总产量的 37%。过去 10 年中，中国对全球水产品需求增长的贡献高达 65%。1993—2013 年，中国人均水产品表观消费量年均增长 5%，达到 38 千克 / 人，2016 年达到 49.9 千克 / 人，是全球平均水平（略多于 20 千克 / 人）的一倍。水产品产量的增长速度远远超过了中国相对平稳的人口增长，因此水产品正成为国民饮食的一个较大组成部分。随着中国人口从目前的 13 亿继续以每年 0.5%

的速度小幅增长，中国所需的水产品供量应将继续增加[①②]。

据 Nikolik 等[③]估算，未来 10 年，因中国需求量的增加，对全球水产品消费量的贡献将达到 53%，预计到 2026 年人均消费量将达到 50 千克 / 人。从现在到 2020 年，这一需求相关的经济价值可能会以 4% 的复合年增长率增长，到 2021 年将达到 800 亿美元的市值[④]。

然而，与一些水产品消费率较高的国家不同，中国的高消费率并不一定反映其对水产品营养或粮食安全的高度依赖。2011 年，鱼类分别仅占中国农村和城市人口饮食的 2% 和 5%，而这两类人群对陆源蛋白质的消耗则较上述比例分别高出 3 倍[⑤]。这种城乡差异表明，随着中国人日渐富裕，他们将越来越偏爱优质食物。事实上，中国对水产品和其他高价值海产品的需求正在增长，因而正越来越多地从国外进口海产品，特别是高价值产品[⑥]。2017 年，中国海产品进口量增长 21.7%，进口额增长 21.03%[⑦]。中国中产阶级的扩大，产品处理、存储和运输基础设施的改进，以及新市场的准入，都是导致中国人消费偏好变化的重要驱动因素。

## （二）中国的海水养殖生产

60 多年来，中国的水产养殖业一直保持强劲增长（图 1-3），取得了举世瞩目的成就。养殖产量从 1950 年的不到 10 万吨跃升至 1985 年的 360 万吨，再到 2016 年的 5100 万吨，使中国成为世界上最大的水产养殖生产国，约占全球产量的 2/3。水产养殖作为中国农业当中发展最快的产业之一，在保障市场

① NIKOLEK G, DE JONG B, PAN C. China's changing tides: shifting consumption and trade position of Chinese seafood[EB/OL]. Rabobank RaboResearch Food & Agribusiness Report,2018.https://research.rabobank.com/far/en/sectors/animal-protein/chinas_changing_tides.html.

② THE WORLD BANK, DATA BANK. Population growth (annual %), China. 2018. https://data.worldbank.org/indicator/SP.POP.GROW.

③ 同①。

④ AGRICULTURE AND AGRI-FOOD CANADA (AAFC). Sector trend analysis: fish and seafood trends in China. Global Analysis Report,2017.http://www.agr.gc.ca/resources/prod/Internet-Internet/MISB-DGSIM/ATS-SEA/PDF/6869-eng.pdf.

⑤ LIU G. Food losses and food waste in China: a first estimate. OECD Food, Agricultural and Fisheries Paper #66. Paris, France.2013.

⑥ 农业部 .2017 年我国水产品进出口贸易再创新高预计 2018 全年贸易顺差将收窄 [EB/OL]. 2018. [2018-06-02] http://www.moa.gov.cn/xw/bmdt/201803/t20180314_6138388.htm.

⑦ GODFREY M. (2018). China's seafood imports surged in 2017, while its export growth continues to slow[EB/OL]. Seafood Source. 2018. https://www.seafoodsource.com/news/supply-trade/chinas-seafood-imports-surged-in-2017-while-its-export-growth-continued-to-slow.

供应、增加农民收入、提高农产品出口竞争力、优化国民膳食结构及保障粮食安全方面做出了重要贡献。中国海洋渔业总产量在2016年达到3490.15万吨，占中国渔业总产量的半壁江山；其中海水养殖产量1963万吨，占海洋渔业总产量的56%，高于近海和远洋捕捞产量的总和①。中国目前的海水养殖产量占全球60%②，虽然淡水产品约占中国水产养殖总产量的62%，但海水养殖产量仍然很大，并且继续保持增长趋势。

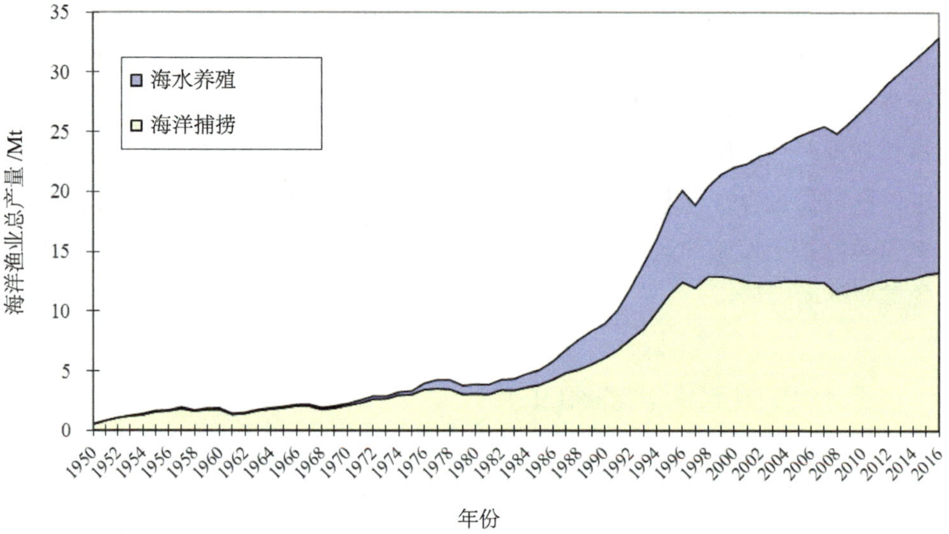


图 1-3　1950—2016 年中国海洋渔业产量

中国海水养殖业在格局上明显不同于世界其他国家。世界主要养殖国家如挪威等，主要依托一种或少数主导品种，养殖模式也较为单一；而中国在养殖品种、方式和规模等方面都呈现多元化发展。我国海水养殖种类约70种，包括鱼、虾、贝、藻、参等，其中相当一部分种类是依靠光合作用或者滤食天然饲料而生长，在养殖过程中不需要投放饲料。只有鱼类和部分虾蟹类是投饵养殖的品种，其总产量占海水养殖总量的15%左右（图1-4）。

① 农业部渔业局．中国渔业统计年鉴 [M]. 北京：农业出版社，2017.
② FAO. The State of World Fisheries and Aquaculture 2016[M]. Contributing to food security and nutrition for all. Rome. 2016.

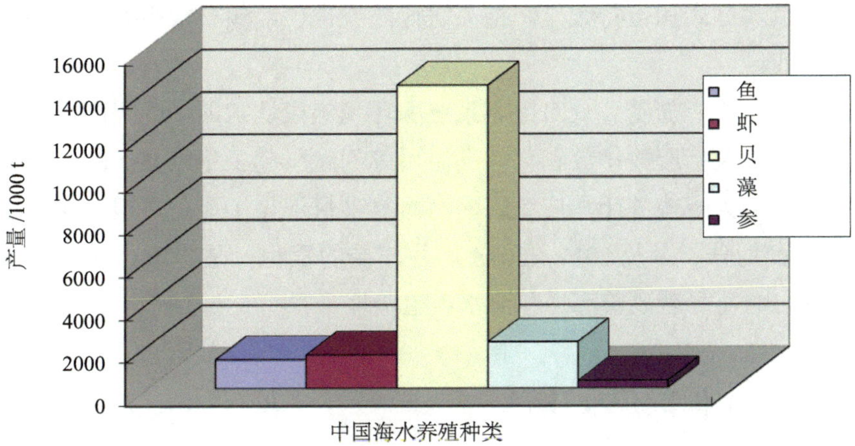


**图 1-4　2016 年中国海水养殖分种类产量对比**

数据来源：农业部渔业局．中国渔业统计年鉴 [M]. 北京：农业出版社，2017.

海水养殖业对沿海经济的发展，尤其是近年来的快速发展，起到了推波助澜的作用。产业高速发展的背后，是强有力的政策、财税和科技支撑。从 20 世纪 50 年代至今，国家采取“以养为主”的发展政策，使养殖产业在内陆和沿海获得了优先发展的机遇，并且一直持续了半个多世纪。其中有一个时期，每隔 4 ～ 5 年，养殖产量就会翻一番。国家政策的引导只是一个方面，科技和财税扶植的支撑作用也不容忽视。中国五次“海水养殖浪潮”（指规模的跨越式发展）分别以海带、扇贝、对虾养殖、海水鱼类规模化育苗技术的突破，以及近年来的海参及其他海珍品养殖为基础，大大加速了养殖规模的扩增，也促进了产业多元化发展。20 世纪 90 年代以来，得益于国家科技投入的增加，中国在海水养殖新品种培育、病害防控、养殖工艺优化和机械化水平的提高等方面，都取得了长足的进步，产业发展不断踏上新的台阶。

自“十二五”（2011—2015 年）以来，中国突出强调可持续发展，实现了水产养殖政策的转变。2015 年 4 月，国务院颁布了《水污染防治行动计划》（即“水十条”），明确规定要发展生态健康型水产养殖业，在主要河流、湖泊和沿海海域划定禁养区；升级改造水产养殖场；加强对渔用饲料和药品的控制；同时鼓励发展深水养殖。此外，国家还为海水养殖设定了 220 万公顷的面积上限。在渔业“十三五”规划中，中国提出了“减量增收、提质增效以及绿色发展”的目标，这一目标也被写入近期发布的法规中。从长远来看，中国的海水养殖政策将注重“健康和可持续”，相关法律法规也已经颁布或生效，以保证相关政策的落实。

过去几年中，随着公众对生态系统和环境健康认识的不断提高，水产养殖的环境影响，包括废物排放和化学品滥用等问题引起了中国社会的广泛关注。沿海养殖场的大规模关闭和广泛的沿海修复项目取得了显著进展；而新法规中明确的职责划分，以及2017—2018年各部委的重组，是中国行政体制取得的真正突破，必将显著改善海洋和海水养殖治理。

## （三）中国的渔业生产

中国已经认识到海洋栖息地的重要性，并开始加大对海洋栖息地的保护力度。例如，从发展过程来看，中国的渔业管理就发生了很大变化。Shen和Heino[①]概述了从20世纪中叶至今中国渔业管理的四个主要阶段：20世纪50年代为第一阶段，呈现稳定的经济和技术发展，渔业从以前的落后和以手工业为主的性质转变为具有一定规模的工业企业；20世纪60年代为第二阶段，随着工业化的开始，大部分渔业资源得到充分利用；20世纪70—80年代为第三阶段，继前一阶段达到充分利用之后，在缺乏有效管理的情况下，许多渔业资源不出所料地出现崩溃；第四阶段即20世纪90年代以后的阶段，中国为了应对第三阶段出现的渔业资源崩溃问题，开始实施更加严格的渔业管理。

尽管中国的海水养殖产量迅速增长，并且预计将继续保持增长，但捕捞渔业的重要性也不容忽视。到目前为止，中国仍然在海洋捕捞产量上处于世界领先地位。2013年，中国渔船捕捞量接近1400万吨，几乎是第二大海洋捕捞国（印度尼西亚）的三倍[②]。其中约90%的渔获量来自近海，其余10%来自远洋海域[③]。然而，自20世纪90年代中期以来，中国专属经济区的总渔获量变化并不大，而这一期间的远洋渔获量几乎翻了一番[④⑤]。尽管渔获总量保持不变，但全国渔船总数在1990—2010年增加了两倍[⑥]。而在2017年，农业部提出了“双

① SHEN G, HEINO M. An overview of marine fisheries management in China[J/OL]. Marine Policy,2014, 44: 265–272. doi:10.1016/j.marpol.2013.09.012.
② ZHANG H Z. China's fishing industry: current status, government policies, and future prospects. China as a "Maritime Power" Conference, 2015. https://www.cna.org/cna_files/pdf/China-Fishing-Industry.pdf.
③ 同②。
④ 同①。
⑤ 同②。
⑥ 同①。

控”目标，规定到2020年全国压减海洋捕捞机动渔船2万艘、功率150万千瓦，近海捕捞总产量减少到1000万吨以内。因此，远洋渔业产量的持续增加对中国未来的渔业发展和渔业政策将产生重要影响。

渔业仍然是中国经济的重要驱动力。就全球市场而言，中国在海产品出口额（近200亿美元，排名第一）和进口额（80亿美元，排名第三）方面位居全球前三位①。虽然目前海水养殖产量远远超过捕捞渔业，但中国在全球海产品供应链中的地位及其世界领先的捕捞渔获量以及渔业劳动力规模，都意味着捕捞渔业管理从社会、经济和环境方面来看仍然是一个关键的政策问题。

中国的捕捞渔船在沿海、大陆架以及更远的海域从事捕捞活动，在作业方式、船舶材质性能及马力大小等方面极具多样性。这些渔船分布在11个沿海省市，覆盖了中国18000千米的海岸线和三个大海洋生态系，商业化的渔获种群超过1000种②。虽然这些渔船具有一定的共性，但要归纳总结这些资源利用多样化、数量庞大且分散的渔船队，却并非易事。这些渔业作业方式大部分是兼捕型，并且使用非选择性网具——以单一种群为目标的渔业十分罕见。为了解决这些共性问题，中国最新出台了一系列渔业政策，同时也允许地方根据各自的区域特征来采取更具针对性的管理措施。

## （四）中国沿海和海洋生态系统的健康状况

中国拥有多样化的海洋和海岸生态系统，包括河口、湿地、红树林、珊瑚礁、海草床、上升流系统等，为其向蓝色经济过渡，特别是为渔业和海水养殖的可持续发展提供了基础。中国的沿海和海洋为20000多种海洋生物提供了栖息地，其中包括3000种鱼类。中国的滨海湿地达580万公顷，约占全国湿地总面积的11%。这些湿地每年提供价值2000亿美元的生态系统服务，如粮食生产和海岸线稳定，占中国所有生态系统提供的生态服务总量的16%③。湿地是野生鱼类和无脊椎动物重要的觅食、产卵、育幼和越冬场所。2011年，中

① ZHANG H Z. China's fishing industry: current status, government policies, and future prospects. China as a "Maritime Power" Conference, 2015. https://www.cna.org/cna_files/pdf/China-Fishing-Industry.pdf.

② LIANG C, XIAN W, PAULY D Impacts of ocean warming on China's fisheries catches: an application of "Mean Temperature of the Catch" concept[J/OL]. Frontiers in Marine Science, 2018: 5. doi:10.3389/fmars.2018.00026.

③ MA Z, MELVILLE D S, LIU J, et al. Rethinking China's new great wall[J]. Science, 2014,346(6212):912-914.

国的滨海湿地提供了2800万吨养殖和野生捕捞海产品，占全球海产品总产量的20%[①]。

滨海湿地的重要性不言而喻，然而自20世纪50年代以来，中国累计丧失了50%以上的滨海湿地，包括57%的红树林和80%的珊瑚礁[②③]。滨海湿地仍以比内陆湿地高2.4倍的速度在逐渐消失。在过去的20年中，中国筑起累计长达11000千米的海堤（约覆盖中国海岸线总长的60%，超过了古长城的长度），以用于防御风暴潮，并围填滨海湿地用于海水养殖、农业和工业用途[④]。累计围填面积从1990年估计的80万公顷增加到2015年的150多万公顷，其中约1/3用于海水养殖（图1-5）。黄海生物多样性丰富，是重要的渔场所在地，也是候鸟的重要栖息地，但自20世纪80年代初以来，围填海导致这一地区丧失了35%的潮间带，特别是位于南部的江苏和上海的沿海地区。大部分潮间带，特别是在渤海，现已被海水养殖池和网箱占据。栖息地的丧失可能导致相关生态系统功能和服务的退化，并最终增加赤潮和绿潮暴发的风险，且易受洪水和风暴等自然灾害的影响。据估计，中国滨海湿地丧失造成的年经济损失额约为460亿美元[⑤]。

① MA Z, MELVILLE D S, LIU J, et al. Rethinking China's new great wall[J]. Science, 2014, 346(6212): 912-914.
② BLOMEYER R, SANZ A, STOBBERUP K,et al. The role of China in world fisheries. Directorate General for Internal Policies, Policy Department B: Structural and Cohesion Policies – Fisheries. For the European Parliament's Committee on Fisheries. Brussels. 2012.
③ 同①。
④ 同①。
⑤ AN S, LI H, GUAN B,et al. China's natural wetlands: past problems, current status, and future challenges[J]. Ambio, 2007, 34: 335-342.

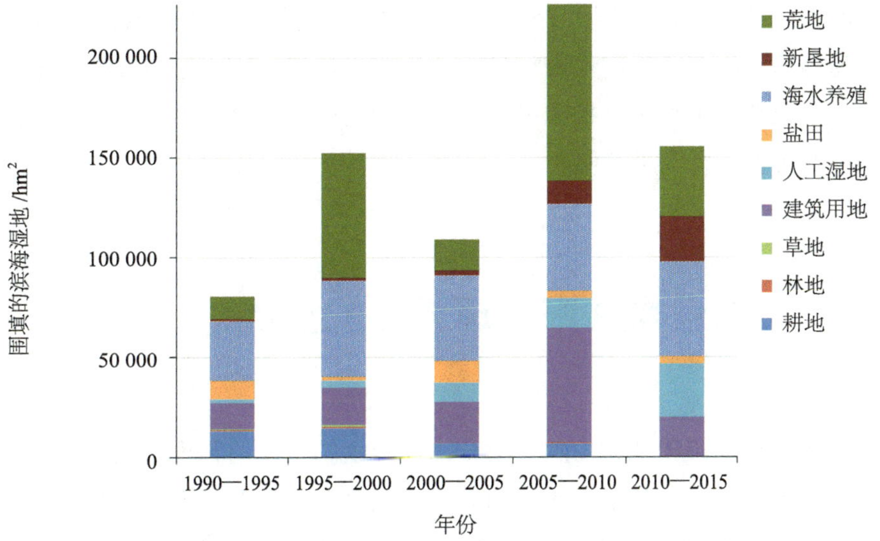


**图 1-5　1990—2015 年中国围填的滨海湿地用途**

数据来源：CAO L, CHEN Y, DONG S, et al. Opportunity for marine fisheries reform in China. Proceedings of the National Academy of Sciences, 2017，114(3), 435-442. https://doi.org/10.1073/pnas.1616583114.

在中国，栖息地的丧失不仅归咎于沿海工程和开发。海水养殖、农业和其他陆地工业的污染物进一步侵蚀了主要栖息地，包括在某种程度上缓冲了沿海地区改造的海洋栖息地。中国受污染的海洋面积超过本国海洋总面积的 50% 左右，导致海洋渔业每年的经济损失额估计超过 5 亿美元①。一些海洋生态系统，特别是渤海和黄海北部，已经严重退化并且出现季节性缺氧②③。辽东湾、渤海湾、胶州湾、长江口、杭州湾、闽江口和珠江口发生了严重的富营养化污染，影响了鱼类和其他海洋生物资源的生存。

依赖海洋生物资源多样性支撑的健康海洋生态系统的捕捞渔业和海水养殖业，也是海洋生物资源多样性面临的主要威胁之一。通过拖网、细网和捕鱼笼进行的过度捕捞和破坏性捕捞，可能导致许多重要经济鱼类丧失育幼场。大规模海水养殖的过度开发也会对沿海和海洋生态系统造成压力，并降低野生鱼类

① 国合会课题组 . 中国海洋可持续发展的生态环境问题与政策研究 [M]. 北京：中国环境出版社，2013: 493.

② GAO Y, FU J, ZENG L, et al. Occurrence and fate of perfluoroalkyl substances in marine sediments from the Chinese Bohai Sea, Yellow Sea, and East China Sea[J/OL]. Environmental Pollution, 2014,194, 60-68. doi:10.1016/j.envpol. 2014.07.018.

③ ZHAI W D. Exploring seasonal acidification in the Yellow Sea. Science China Earth Sciences, 2018, 61. https://doi.org/10.1007/s11430-017-9151-4.

的丰富度和底栖生物的多样性。因此，本章内容重点关注海水养殖、捕捞渔业、海洋栖息地和生物多样性的可持续管理所面临的挑战，克服这些挑战的全球最佳做法，以及在中国和全球挖掘最能从海洋生物资源综合提供的广泛生态系统服务中获取价值的新政策范例。

## 三、海洋生物资源管理面临的挑战

中国政府正在持续地大力加强对全国海洋生物资源的管理。这对于任何一个国家来说都不是一件易事，对中国而言尤其具有挑战性，因为与其他国家相比，中国的海洋生物资源支撑了更高的捕捞渔业和水产养殖产量，提供了更多的渔民就业机会，同时也可能面临更大的环境污染和资源开发的压力。因此，中国虽然在管理上取得了一定的进展，但无疑也面临着巨大的挑战，那就是如何确保海洋生物资源的可持续利用。通过对中国海洋生物资源现状和趋势的分析，我们认为中国政府需要持续关注以下问题。

第一，需要在各方面加强监控，以提高从业者遵纪守法的自觉性，使管理部门能够应对不断变化的环境和紧急情况，并增进对海洋渔业所依赖的生态系统的科学认识。第二，需要整合海洋空间规划，优化水产养殖和其他商业用海的空间格局，并划分出需要保护、修复或改善的重要栖息地。第三，有必要继续实施基于产出的管理和捕鱼权分配制度（中国在这方面已经开始尝试），以产值而非产量作为海洋生物资源管理的目标。第四，需要了解气候变化对中国海洋生物资源的影响，并制定相应的政策方案。第五，有必要强化保护栖息地和生态服务功能的法律，因为二者是中国海洋生物资源保持健康的前提，更是中国庞大的海洋渔业赖以生存的基础。

本部分将论述中国在管理海水养殖和海洋捕捞两项生产经营活动中所面临的挑战，因为这些经济活动对海洋生物资源的影响最大；同时，我们也分析了保护栖息地和生态完整性所面临的挑战，因为栖息地是生物资源及其相关生产活动的基础。除了执法不力等内部挑战外，我们还描述了气候变化、性别歧视等问题带来的外部挑战。最后，由于中国越来越多地通过进口来补充其捕捞海产品的供应，我们简要介绍了其他国家在海洋生物资源管理方面面临的挑战。

## （一）海水养殖

我国的海水养殖业主要通过海域使用证和养殖许可证的发放进行管理。海水养殖许可证和海域证由农业部（MOA，现为“农业农村部”）和国家海洋局（SOA，现为“自然资源部”）下辖的市级或县级海洋和渔业部门颁发。由于种种原因，一些养殖场并未获得许可证。但是，即便养殖场获得了许可证，养殖品种的变更或经营规模的扩大未受限制，也会导致局部养殖水域的污染、环境恶化、疾病流行，同时加大了保证水产品质量和安全的难度。

### 1. 海水养殖的生态影响

海水养殖的生态影响主要包括占用栖息地的问题、环境污染问题，以及养殖业对海洋生物多样性的影响等；而缺乏科学合理的海水养殖空间规划，又是导致诸多症结的根本原因。这些问题都可归结于政策空白，其突出表现是中国许多海水养殖区超容量养殖的问题。

我国的海水养殖业主要通过海域使用证和养殖许可证的发放进行管理，养殖从业者获得两证后，可以在确权的海域从事养殖活动。两证虽然明确规定了可以使用的水域空间，但对于养殖密度、养殖种类结构和养殖布局则无任何限制①。在水产品价格上涨的情况下，农民倾向于养殖利润更高的种类或增加养殖密度；而地方当局很难确切地知道企业正在养殖哪些种类，并采取相应措施控制特定水域的养殖产量和污染物排放。因此，养殖种群的变更或经营规模的扩大往往并未受到适当的监测、监管和限制。在20世纪90年代以前，这种宽容的管理方式对促进我国水产养殖业的发展发挥了重要作用，但随着养殖空间的不断拓展，养殖规模的不断扩大，单位水体养殖生物量和养殖密度无限制的增加，导致了养殖自身污染加剧，环境质量下降，病害频发，水产品质量越来越难以保障。此外，由于水产养殖海域使用方面的冲突，无证从事海水养殖活动的情况也屡见不鲜，这反过来又引发了超容量养殖的问题。由于现行法律法规存在漏洞，尤其是执法较为薄弱，中国渔业管理部门需要功能强大的空间规划工具来推动对海水养殖的严格治理。

海水养殖业在确保中国粮食安全和沿海经济发展的同时，也占用了大量的空间。据统计，海水养殖占用了中国滨海湿地总面积的1/3、浅海总面积的

① LIU H. National aquaculture law and policy: China. [Eds.] Nigel Bankes, Irene Dahl, and David L. VanderZwaag. Aquaculture Law and Policy - Global, Regional and National Perspectives[M]. Edward Elgar Publishing. 2016.

10%[①]。近半个世纪以来，中国进行了大规模的围海养殖[②]，包括构筑围堰和土池等，围填海导致大面积的海岸地貌改变，滨海湿地生态系统严重退化。在过去的 40 年中，中国东南沿海已经建成了约 24 万公顷虾塘，其中广西有 4.62 万公顷，主要是通过毁掉红树林和海草床来建造的。据“国家海洋督查第一批围填海专项督查意见”[③]，辽宁、河北、江苏、福建、广西和海南等省行政区违法违规用海问题严重，其中河北省围海养殖用海总面积约 18424 公顷，取得海域使用权的面积仅为 27%；江苏省违规占用海域进行养殖涉及 137 宗养殖用海、占用滩涂 3000 多公顷，占用自然保护区缓冲区及生态红线区养殖 9955 公顷。这些违法违规用海和占用各级各类自然保护区用海，势必造成海洋生物多样性和重要水生生物种质资源的破坏，对中国近海生态系统造成难以估量的损失。1989—2000 年，中国丧失了 12924 公顷的红树林，其中 97% 以上是由于虾塘建造造成的。可见，海水养殖生产经营活动公然违反法律法规的情况并不是例外，这清楚地反映了行政部门执法不力和不作为的问题。

超容量的海水养殖活动不仅侵占了许多野生动植物的栖息地，还由于污染导致了其他一些栖息地的退化。根据全国渔业生态环境监测网 2014 年的监测结果，中国四大海区渔业水域局部污染仍然较严重，其中无机氮、活性磷酸盐和石油类的超标率分别为 72%、34% 和 39%[④]。同时抗生素污染的威胁也在增加。受到河流输入和养殖业排污影响，北部湾水体中曾检测出多种抗生素类药物[⑤]，其中红霉素为最主要抗生素种类，检出率为 100%，浓度 1.10 ～ 50.9 纳克 / 升；其次是磺胺甲噁唑，浓度和检出率分别为＜ 10.4 纳克 / 升和 97%。中国的海水养殖主要以海藻和贝类等非投饵性生物为主，同时也养殖大量的鱼类和甲壳类等投饵性动物。就鱼类养殖而言，所投喂的饲料中只有 27% ～ 28% 的氮被吸收并转化为鱼肉，而超过 70% 的氮变成废物被释放到环境中[⑥]。特别是在大规模和高密度养殖的情况下，投饵养殖明显导致了周围海水污染。南通

① LIU H, SU J L. Vulnerability of China's nearshore ecosystems under intensive mariculture development[J]. Environmental Science and Pollution Research. 2017,24: 8957-8966.

② WANG W, LIU H, LI Y,et al. Development and management of land reclamation in China[J/OL]. Ocean & Coastal Management, 2014,102(B), 415-425. https://doi.org/10.1016/j.ocecoaman.2014.03.009

③ 国家海洋局 . 国家海洋督查组向江苏反馈围填海专项督查情况 .[2018-01-16].http://www.soa.gov.cn/xw/hyyw_90/201801/t20180114_59954.html.

④ 贾晓平，陈家长，陈海刚，等 . 水产养殖环境评估与治理 [M]// 唐启升，等 . 环境友好型水产养殖发展战略：新思路、新任务、新途径 . 北京：科学出版社，2017：268-310.

⑤ ZHENG Q, ZHANG R, WANG Y, et al. Distribution of antibiotics in the Beibu Gulf, China: Impacts of river discharge and aquaculture activities [J]. Marine Environmental Research, 2012,78: 26-33.

⑥ HALL O, HOLBY O, KOLLBERG S,et al. Chemical fluxes and mass balances in a marine fish cage farm. IV. Nitrogen[J]. Marine Ecology Progress Series,1992, 89(1), 81-91.

市是中国主要的南美白对虾生产基地之一，其养殖规模从2013年的6700公顷迅速扩大到2017年的12700公顷。养虾小棚在滩涂和农田中快速增加，导致了一系列的环境问题，如土壤盐渍化、地下水过度开采和浅层地下水污染。河北、山东等省的主要水产养殖区也存在类似问题，海水养殖污染物的清理和整治已成为地方政府面临的重要挑战。根据《中华人民共和国渔业法》，控制水产养殖排放是各级渔业主管部门的一项主要责任。然而，这项任务在很大程度上被忽视或让位于增加产量。缺乏环境监测专业技能和废物排放标准也是导致这一问题的部分原因。

海水养殖环境影响的另一个方面是，养殖投饵性种类（如鱼类和甲壳类动物）需要大量的饲料，饲料中的鱼粉等主要原料通常依靠捕捞具有重要生态价值的饲料鱼（即所谓的鲜杂鱼）。中国的水产饲料业已经经历了30多年的快速发展。其产量从1991年的不到100万吨增加到2012年的1800多万吨，增长了近24倍，占全球产量的41%。同期，世界上最大的水产饲料生产企业也得到快速发展。一些水产饲料的加工技术和质量逐渐提高。例如，中国养殖对虾的饵料系数已降至1.0～1.2，几乎达到了高效生产的国际标准[①]。但是，在某些情况下，饵料系数或海水养殖产品的饲料投入产出比仍然很高。过量使用饲料会加剧海水养殖的环境污染并对栖息地产生影响，而科技进步对提高饵料转化率和水产养殖业的综合表现起到了重要作用。

### 2. 经营和经济因素

由于养殖海域的污染日益严重，偶尔会发生大规模死亡事故，造成巨大的经济损失。一方面，沿海水体富营养化趋势明显，显著增加了赤潮和绿潮的发生频率；另一方面，各种类型的环境毒素也在不知不觉中增加，并且导致养殖生物的灾难性大规模死亡。据农业部统计，2014年全国共发生渔业水域污染事故284起，造成的直接经济损失达5308万元。由于长期累积污染导致渔业栖息地恶化，2014年的渔业资源损失高达81.8亿元。其中，海洋天然渔业资源的经济损失为69.8亿元，而内陆水域的经济损失为12亿元[②]。这些外部因素对海水养殖业构成严峻的挑战，海水养殖场必须依靠科学选址和进水消毒处理才能成功运行。同时，更好的环境监测和监督系统也可以保护行业免受灾难性事件的影响。

① 刘慧，孙龙启，王建坤，等．环境友好型水产养殖现状、问题与应对建议 [M]// 唐启升，等．环境友好型水产养殖发展战略：新思路、新任务、新途径．北京：科学出版社，2017：14-34.
② 同①。

2017 年，中国黄渤海虾夷扇贝养殖产业发生了局部大规模死亡、贝体消瘦和产量下降等产业灾害，其中以獐子岛海洋牧场贝类减产导致利润亏损 5 亿～ 7 亿元的事件最具代表性。尽管企业和有关专家提出这次灾害可能归咎于一些环境因素，但是，到目前为止尚未就此给出一致的解释。“獐子岛事件”暴露了中国投入巨资大规模建设海洋牧场的严峻问题。目前已建和在建的 200 多个海洋牧场，其规划和选址大多缺乏充分的科学依据，主要是为了达到商业目的、提高经济效益而投入，对于生态环境和自然条件等系统风险评估不足，且其运行过程中也缺乏适当的监测。獐子岛事件是多个不利因素叠加耦合的结果，也警示我们进行海洋牧场相关科学与技术研究、加强管理的重要性。

除了遭受灾害导致的经济损失，饲料、能源和劳动力价格的上涨，也进一步冲击着海水养殖业曾经相对稳定的盈利能力；而海水养殖产品价格的大幅波动，以及连续的水产品安全事故引起的消费者信心下降，则进一步加剧了这些影响。早在 1988 年，曾经导致 30 多万人感染甲肝的上海“毛蚶事件”就已暴露出我国水域环境污染的严重问题。然而，政府并没有立即采取措施治理日益恶劣的生存环境，而是寻求最简单的办法：禁售毛蚶。其实毛蚶只是冰山一角，背后折射出的是全社会对水域环境污染长期以来的无动于衷或无能为力。从那时到现在 20 多年时间，我国的食品安全问题已经无处不在，蔬菜、粮食、肉、奶、蛋都出现过问题，其中很大一部分与环境污染有关。只有痛下决心、标本兼治，才能从根本上改善海洋环境和我们的生存环境，才能让海水养殖产品得到消费者的信赖。

### 3. 技术挑战

中国海水养殖管理缺乏科技支撑。一方面是科技研发不够，不足以支撑管理；另一方面是中国尚缺乏科技咨询制度，管理者习惯于拍脑袋办事。监测和科学数据收集是海水养殖治理的最重要工具，但各级渔业主管部门并未对此进行充分部署。渔业管理信息系统建设落后，许多养殖场无证经营，各级管理部门尚未建立起养殖场库存量常规报告制度。因此，基层海洋渔业局通常并不全面掌握所辖各养殖场的养殖品种和产量。此外，尚未对海水养殖的环境影响（包括各养殖场的排放量）进行系统性监控。数据不足（部分归咎于治理和科研机构之间难以实现数据共享），以及那些缺乏数据支撑的决策，已成为有效治理海水养殖的一大障碍。

科技成果转化一直是中国的老大难问题。中国水产科技成果转化渠道不畅通，缺乏鼓励科研人员参与成果转化的积极性。虽然海水养殖是应用性学科，以应用研究和应用基础研究为主，但许多科研成果、专利、研究报告都停留在纸上，真正能实现产业化应用、创造产值和效益的，所占比例非常低。在现有人事考核体制的引导下，海水养殖研究领域“重论文、轻实效”的现状在短期内很难改变。中国有相对发达的水产技术推广体系，全国有各级水产技术推广站13463个，约有37600人从事水产技术推广工作，年度水产技术推广经费总额约37亿元①。不能否认，水产技术推广体系在推动产业发展、推广新技术和新理念方面，发挥了重要作用。但是，由于部分推广系统领导缺乏专业训练，对水产专业技术理解不充分，使一些应用效果很好的技术得不到推广站的支持，而少数主推技术则缺乏显著的先进性，既没有翔实的科学数据做支撑，也没有产业实际应用效果做验证。盲目推广所谓新技术，不仅会白白耗费国家惠农资金，而且还会影响企业的正常发展，根本达不到推动产业转型升级的效果。为了激发海水养殖领域的创新性，中国需要培养对科学技术的深刻尊重，并在各级政府管理部门制定激发创新活力的政策。

中国的环境和渔业政策正在进行优化调整，以应对海水养殖的许多环境影响，这同时也给海水养殖业带来了新的挑战。自2012年党的十八大以来，中国加快了建设生态文明的步伐。因此，中国的环境质量日益改善，特别是随着新的《中华人民共和国环境保护法》于2015年颁布生效，环境监管、生态审计、环境执法和违规处罚等方面都得到加强。经过几十年不受限制的投资和增长，这些政策变化给海水养殖业带来了前所未有的压力。目前的政策法规已禁止海水养殖业排放废水和废物，以及使用燃煤锅炉；一旦发现与海洋保护区或生态红线（用于旅游或其他海洋用途）产生冲突，海水养殖业就必须做出让步。海水养殖企业必须决定是选择关闭还是承担合规合法经营、进行设备改造的成本。中国在改善环境质量和减少碳排放方面的行动，将影响包括海水养殖在内的所有行业。鉴于这些政策变化，解决其对海水养殖业提出的要求已经迫在眉睫，有必要迅速采取行动进行污染治理和发展绿色低碳技术。

---

① 农业部渔业局．中国渔业统计年鉴 [M]. 北京：农业出版社，2017.

## （二）海洋捕捞

过度捕捞不仅是全球许多渔业面临的最重要问题，也可能是整个海洋生态系统面临的最重大问题。这并不是说其他影响不重要，在一些地方，其他影响可能比过度捕捞更严重。数量庞大而无所不在的渔船不仅导致渔获生物直接死亡，通常也会对栖息地产生附带影响，因此，过度捕捞仍然是全球范围内海洋健康面临的主要威胁。事实上，近期研究表明，结束过度捕捞可以促进海洋野生动物（包括哺乳动物、鸟类和海龟）种群的恢复，从而揭示了过度捕捞对生态系统的严重影响[①]。导致过度捕捞的原因多种多样，因渔场和捕捞对象而异。过度捕捞有两个最常见的驱动因素：一是经济激励措施与预期的环境结果不匹配；二是渔民与决策过程相脱节，因此不太可能接受政策和遵守法规。

在过度捕捞的严重后果和驱动因素方面，中国当然也不例外。中国的海洋生态区曾因其丰富的渔业资源和优质的海产品而闻名于世。然而，在过去 40 年中，过度捕捞及其他因素引起的海洋环境恶化，导致“海中无鱼”现象日益增多；这些渔业种群曾经是中国渔业的主要组成部分，在今天的渔获物和生态系统中却变得很少见。例如，舟山群岛的渔场面积达 22 万千米 $^2$，这里曾经有着丰富的渔业资源，素有“东海鱼仓”和“海鲜之都”之称。但是，就是这一地区的大黄鱼渔获量，已从 1957 年的 17 万吨急剧下降到 2015 年的 400 吨左右，降幅超过 99%。

中国其他渔场也呈现出类似的资源量下降趋势，特别是价值最高的种群，目前这些渔获量的损失已被更丰富和低价值种群增加的渔获量所抵消[②]。此外，休闲渔业和远洋捕捞也带来了新的发展机遇。当然，如果休闲渔业和远洋捕捞得不到可持续管理，那么这些转变可能仅仅意味着将国内商业渔船的过度捕捞问题转移给其他渔船。在许多情况下，一些类似的因素导致了渔业资源的减少，包括无限制地过度投资渔船，缺乏足够成熟的种群评估和管理技术，以及管理改革和资源恢复相关的社会经济影响。

---

① BURGESS M, MCDERMOTT G, OWASHI B, et al. Protecting marine mammals, turtles, and birds by rebuilding global fisheries[J]. Science, 2018,359(6381), 1255-1258. doi: 10.1126/science. aao4248.

② SZUWALSKI C S, BURGESS M G, COSTELLO C,et al. High fishery catches through trophic cascades in China[J/OL]. Proceedings of the National Academy of Sciences,2016, 114(4), 717-721. doi:10.1073/pnas.1612722114.

### 1. 捕捞强度过大

自 20 世纪 80 年代以来，全国捕捞渔业总产量急剧增加。这一方面是由于渔船和渔民数量增加，因为越来越多的人认识到渔业是一个重要的经济来源；另一方面是由于技术改进使渔民在种群资源下降的情况下仍能够捕到鱼；还有一个因素就是政府提供了渔业补贴。然而，资源生产率的自然极限终将阻止渔获量的进一步增加，甚至导致渔获量下降。中国就是这种情况，自 20 世纪 90 年代中期以来，中国的渔获总量变化很小，只有远洋捕捞产量有所增加。

随着国家对渔业资源衰退问题的重视，中国的渔业政策和管理也发生了变化。主要变化包括，制定了一系列更加严格的许可制度，定期开展渔船调查，以便更好地估算渔船总数（也包括“三无”渔船）。这些措施有助于确定中国渔业面临的捕捞强度问题的严重程度（图 1-6）：中国的渔民总数呈现稳步增加，尽管渔船数量有所减少，但渔船的发动机总功率有所增加。这意味着较小的渔船正在退役，而较少数量的较大渔船被投入运营；较大的渔船往往需要足够多的船员，因此渔业劳动力有所增加。虽然越来越多的远洋捕捞渔船离开中国海域，前往公海或其他国家的专属经济区进行捕捞活动，但远洋捕捞仍仅占中国渔获量的一小部分。如何解决过度投资渔船对国内海域带来的过大压力，仍然是中国目前亟待解决的问题。

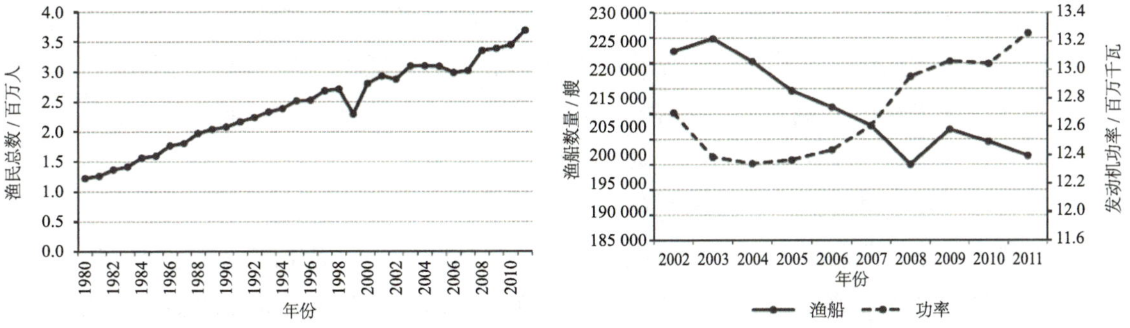


（a）中国渔民总数　　　　（b）捕捞能力

**图 1-6　中国渔民总数和捕捞能力（渔船数量和发动机功率）的变化**

数据来源：SHEN G, HEINO M. An overview of marine fisheries management in China. Marine Policy, 2014, 44, 265-272. doi:10.1016/j.marpol. 2013.09.012.

近年来，国家出台了一系列政策，旨在解决严重的捕捞能力过剩的问题，使全国范围内的捕捞能力与渔业资源的再生能力相协调。非法渔具和“三无”渔船的普遍存在无疑加剧了这一挑战。例如，在浙江省，尽管政府设定了200万吨的渔获量目标，但2013年中国东海海域的总渔获量达到300万吨，“三无”渔船数量更是达到13000艘的峰值。与中国大量的渔民和渔船相比，执法人员数量明显不足，难以充分监测合法持证经营渔船的捕捞活动和渔获量，想要发现和惩治非法渔船更是难上加难。

### 2. 社会经济因素

一些重要的社会经济因素给解决捕捞强度过大问题增加了难度。为了最大限度地提高短期经济收益，尤其是贫困的农村地区（可供其选择的其他生计很少），为了单纯增加产量而忽视了长期的资源再生能力和捕捞产量的稳定。类似的利益取舍也会发生在一个不受监管的行业，究竟是要投资于价格趋势，还是要在供应链中建立强势地位？这样的利益取舍最终会导致生态退化、经济损失和社会贫困。遗憾的是，这些不利后果只会迫使渔民加大捕捞力度，以期抵消其蒙受的损失；于是便导致进一步的生态退化，进而形成恶性循环。

从表面看来，恢复和稳定捕捞渔业的办法简单明了：无外乎降低捕捞压力，让渔业种群自然恢复，然后以保守的速度捕捞已恢复的渔业种群。当一种渔业种群数量庞大时，即使适度的捕捞压力也可以产生高产量和高利润，因为基础资源量丰富且捕获效率高。事实上，近期的一项全球分析报告认为，尽管全球范围内有大量过度捕捞和资源崩溃的渔业种群，但恢复和可持续管理这些渔业资源将在未来创造更高的产量和利润①。然而，现实的经济和社会压力往往会阻碍政府采取行动去恢复资源。如果采取积极的恢复行动，那么渔业社区可能会经历一段艰难时期，特别是在不采取其他措施来满足社区经济需求的情况下。如果种群恢复得较快，那么这可能只是一个短期问题；但对于缺少其他可行生计选择的社区而言，没有食物或收入的任何时期都可能产生毁灭性的影响。此外，导致渔业资源下降的捕捞强度过大问题，可能首先需要一些渔民退出，才能实现并维持渔业的可持续发展。

补贴通常会损害渔业的经济和生态可行性（世界银行，2009）；不过，有时限的补贴可能是改革和资源恢复期间维持渔业社区生存的一种有效策略。到

---

① COSTELLO C, OVANDO D, CLAVELLE T,et al. Global fishery prospects under contrasting management regimes[J/OL]. Proceedings of the National Academy of Sciences,2016,113(18), 5125-5129. doi:10.1073/pnas.1520420113.

目前为止，中国的渔业补贴尚不具备这种性质。2015 年，财政部和农业部做出决定，自 2006 年以来实施的广泛、大规模和长期的燃料补贴政策扭曲了价格信号，且与缩减渔船规模和压减渔获量的政策背道而驰。因此，中央政府宣布，燃料补贴将在 2019 年降至 2014 年峰值的 40%，而到 2020 年底则降为零。

在浙江省为解决“海中无鱼”问题、恢复东海渔场而采取的一系列行动中，鼓励渔民转产转业可能是最重要的措施。一些失业的商业渔船船员在日益增长的休闲渔业中可以找到新的就业机会，还有一些则加入了远洋捕捞渔船。此外，与沿海地区的其他行业一样，中国的许多捕捞企业还雇用了大量的农民工。例如，浙江省估计有 30% 的渔民来自其他省份。一般来说，福利政策仅适用于本省的合法居民，这意味着重新安置计划无法满足所有船员的社会和经济需求。此外，福利计划通常不适用于可能需要更多收入来供养其家庭的中老年渔民。

### 3. 技术挑战

由于未能全面开展渔业资源评估，加之数据质量和无法共享等问题，阻碍了中国对过度捕捞问题的全面评估。不言而喻，缺乏科学评估的渔业更有可能出现衰退和崩溃[①]，这意味着许多中国渔业种群的现状确实堪忧。在总渔获量基本保持不变的情况下，全中国的渔船数量都在持续增长，这意味着资源量实际上正在下降；总渔获量的维持很可能仅仅是依靠增加了捕捞强度和远洋捕捞产量。

通常，可靠的科学与健全的政策之间是相辅相成的：政策可以推动对可靠科学的需求，而科学可以提高行政效率。例如，有明确目的、具体目标和限制性指标的政策法规，以及对规避风险的管理要求，既需要科学信息，也可以帮政府和科学家明确其工作重点。有同样特质的还包括一些渔业管理政策，它要求考虑管理的适宜空间尺度，同时还需要了解影响管理政策和受这些政策影响的生态系统因素。中国通过强化管理不断巩固了国家行政能力。不过，为了应对海洋渔业自 20 世纪中叶至今的快速发展所积累的捕捞强度过大和环境退化问题，相关的行政和管理还有待加强。

尽管存在这些问题，但中国确实拥有强大的科研能力来帮助政府应对渔业管理方面的挑战。中国的学术机构和科研院所在全球都备受赞誉，中国的渔业研究人员在各大期刊上也发表了大量研究成果。然而，由于个人或机构不可避

① COSTELLO C, OVANDO D, HILBORN R, et al .Status and solutions for the world’s unassessed fisheries[J]. Science, 2012,338(6106), 517-520.

免地面临一些结构性障碍，这种能力并未得到充分利用。渔业调查数据的公开透明和数据共享极为有限；大学和省级渔业研究机构通常无法充分获取国内主流渔业研究机构收集的数据，而这些数据恰恰可帮助他们开展更多的创新性研究，并完成更多更好的种群评估。此外，数据共享还有助于加强合作，提高技术分析的总体质量和数量，用来支撑渔业管理。

当然，即便消除了这些结构性障碍，数据开始更自由地流动，且各机构之间的务实合作逐渐增加，只有将这些数据纳入模型和分析中，中国才有望建立可靠的渔业科学。具体来说，有必要将每种渔业生物的准确总渔获量数据，以及不同渔具、不同季节、不同区域、生物体不同生长阶段的渔获量等高分辨率数据，纳入任何渔业管理计划中。遗憾的是，渔获物监测不足也意味着这些数据往往质量低下，或者完全缺失。中国在这方面也不例外，改善监控可以说是中国渔业管理面临的最重要的挑战。

监控的重要性不仅在于其科学价值，还体现在帮助执法和影响捕捞作业方式上。随着渔业监控的改善，可采用的管理策略的范围和有效性也会提高。例如，实施总可捕量（TAC）管理，特别是将配额分配给个人、渔船、社区、合作社或其他实体，通常是最有效的渔业管理策略。然而，在缺乏有效监控的情况下，这些方法将激励非报告的渔获物海上丢弃现象，从而导致错失管理目标，进而导致基于错误数据的科学评估。由于缺乏必要监控，中国尚难采取产出控制措施，因此中国目前主要依靠投入控制来管理海洋渔业。虽然其中一些措施产生了重要的成效，但它们仍无法满足中国所有的管理需求，且存在效率低下的问题，从而加剧了渔船和渔业社区的社会经济压力。

中国的捕捞渔业是高度兼捕性的，这是由生态系统的性质所决定的，但同时也是由非选择性渔具的使用，以及对单个种群的可捕量未加限制造成的。中国消费者对海产品的喜好也很广泛，因此在渔获物选择方面的市场压力较小。为了可持续地管理这种多样性的渔业，科学机构之间的合作必须加强，同时也需要加强渔获物监测来改善数据流。此外，还需要研发新的科学工具和管理策略，以避免生态系统的整体退化。

## （三）栖息地和生物多样性

中国已经认识到海洋栖息地的重要性，并开始加大对海洋栖息地的保护力度。正如第四部分中进一步讨论的那样，将受到严格政策要求的驱动，同时政府也为许多重要沿海地区和海域的监测、研究、保护和修复项目提供支持。尽管取得了一定进展，但仍面临重大挑战，总体管理成效十分有限。其中最严峻的挑战是，政策架构依旧存在缺陷，特别是难以建立强大、清晰和全面的治理体系，加上技术基础薄弱，阻碍了现有政策的有效实施及更强有力政策的制定。

### 1. 治理问题

中国尚未充分认识到、更没有评估健康的栖息地和生物多样性对于维持和恢复海洋生物资源的重要性。可用数据与海洋生物资源的广泛价值（如海产品生产、娱乐、美学和调节服务）之间仍存在显著差距。尽管如此，中国已经出台了一系列法律法规来保护沿海栖息地和海洋生物资源，如《中国渔业法》和《水生生物资源保护国家行动计划》。但是，这些法律法规的实施和执行仍然不足。中国仍然缺失海洋生物资源综合管理相关的国家立法。这加剧了海水养殖和渔业部门之间的冲突，同时监管决策几乎完全忽略了海洋生物资源提供的许多其他价值。令人感到欣慰的是，《“十三五”规划纲要》及2018年国家《宪法修正案》皆高度重视生态文明的建设，为制定与海洋生物资源综合管理相关的国家立法奠定了基础，但其制定工作尚未正式启动。具体地说，相关的现有国家政策缺少以下关键要求：评估主要生态系统功能和关键海洋生物资源的价值；识别维持这些功能和价值所必需的种群和区域；保护或恢复某些种群和海域的条件；监测和执法以确保法规得以遵守。

国家海洋生物资源政策的缺失体现在治理体系的方方面面，因其缺失导致栖息地和生物多样性陷入危险境地。由于中央政府的强制性要求不足，地方政府也没有动力来优先实施保护和修复项目，而是依旧继续追求短期经济收益。即便政府有强烈的保护动机，但各机构之间不明确或相互冲突的管理权限也将导致决策失效或效率低下。其中一个最明显的示例是，自然保护区与其他类型的保护区之间的划定界限往往不清晰，这就意味着即便是这些最基础的保护措施也未得到有效实施。同时，执行不力也可能降低保护和恢复工作的成效。

此外，海洋生物资源管理需要复杂的科学和政策层面的认识，在此方面缺少对地方决策者提供培训和能力建设的支持，结果是基层领导人没有足够的能力来应对相关挑战。同样，公众对海洋生物资源所面临的威胁和各种价值的认识有限，这意味着民间社会没有明确表示支持保护工作，或（在可能的情况下）为监测、执法和解决问题做出贡献。虽然非政府组织日益推广对海洋生物资源更广泛价值的认识和相关的保护需求，但中央政府的指示仍然非常重要。

多年来，中国引进了大量的水产养殖品种，包括大菱鲆和白肢虾等受欢迎的高价值种群。但这些种群并未经过严格的生物安全检查，也不清楚引进的水产养殖品种是否会引发生物入侵问题。但是，作为水生饲料种群引入中国的大米草（Spartina spp.）确实成了中国许多海岸的入侵物种。

2. 技术挑战

虽然可持续高产海水养殖和渔业的技术基础很复杂，但由于需要考虑更多的影响和后果，因此综合保护栖息地和生物多样性的技术基础更加复杂。除此之外，许多海洋生物资源的价值无法与海产品销售收入一样进行直接量化。例如，在大多数情况下，渔业产量增加 10%会使得收入增加约 10%，但这并不代表野生动物物种丰度和旅游收入各增加 10%。技术挑战对栖息地和生物多样性的影响及其产生的价值都具有不确定性、非线性和复杂相互作用的特征。克服挑战主要面临以下困难：研究和监测不足；对研究人员解决这些问题的激励不足（他们宁愿去从事那些直接产生可量化经济结果问题的研究）。

为弥补这类知识缺口，可以建立栖息地和生物多样性保护阈值的预防性政策，以及有关对这些资产的负面影响程度的信息。但是，这些方法一方面会对受影响的行业造成不必要的经济成本，另一方面，如果设定的阈值不够保守或管理行动实施不当，将无法充分保护栖息地和生物多样性。

## （四）气候变化

气候变化正在对全球海洋生态系统产生越来越严重的影响，反映在水温、pH、溶解氧、盐度、洋流形态等方面的变化。全球所有的海洋生态系统都在一定程度上受到了这些影响，只不过某些海洋生态系统受到的影响更大，尤其是对各种环境条件适应范围较窄的珊瑚礁和其他沿海生物栖息地。生态系统的变化会对海水养殖、海洋捕捞或提供其他海洋生物资源价值的物种产生影响。

气候变化对海洋生物主要产生两种影响，即海洋生物生产力和分布的变化。海洋生物的生产力和分布可能受到环境变化的直接影响，也可能通过对重要饵料生物、栖息地或其他生态系统要素的作用而受到间接影响[①]。其中，海洋生物生产力的变化会影响海水养殖和渔业的潜在产量，以及受这些或其他影响的种群的恢复能力。海洋生物分布区的变化可能会引入可能有损海水养殖产量的种群，并决定着可用于当地渔业、旅游业或其他用途的物种。

气候变化将对整个管理体系产生影响，它不仅会影响各个部门的管理，还影响着我们制定更全面的海洋生物资源管理政策。因此，在制定新政策时应将这些影响考虑在内，否则随着环境条件的演变，这些政策可能很快就会失效。

## （五）性别平等问题

如果包括海产品加工、营销和零售在内的第二产业，那么女性在全球渔业和水产养殖业劳动力中的占比将达到 50%[②]。虽然世界上许多国家的女性在海产品行业中发挥着至关重要的作用，但她们都面临着机会不均等、代表性极低，以及同工不同酬等问题。除了实现社会正义和公平的基本人类原则外，越来越多的证据表明，性别平等可以增加家庭收入、提高生产力和改善营养安全[③]。解决性别不平等问题是全球可持续发展的一个关键组成部分，因此联合国可持续发展目标第五项（SDG #5）侧重于解决这一问题。

中国约有 1400 万人直接或间接从事捕捞渔业和水产养殖业[④]。其中，女性占专业劳动力总数的 20%（全球平均值约为 47%）[⑤]。这表明约有 160 万女性全职从事渔业生产和收获后工作[⑥]。水产养殖场和加工厂确实增加了对女性临时工的招聘，以此帮助解决了性别问题。根据我们的调查，中国的大型水产养殖公司更倾向于雇用男性员工，男性职员通常占固定劳动力的 70% 以上，有

① GAINES S, COSTELLO C, OWASHI B, et al. Improved fisheries management could offset many negative effects of climate change[J/OL]. Science Advances, 2018, 4(8): eaao1378. doi: 10.1126/sciadv.aao1378.

② FAO. The State of World Fisheries and Aquaculture 2016[M]. Contributing to food security and nutrition for all. Rome. 2016.

③ HILLENBRAND E, KARIM N, MOHANRAJ P, et al. Measuring gender-transformative change: a review of literature and promising practices[Z]. CARE USA. 2015.

④ 农业部渔业局 . 中国渔业统计年鉴 [M]. 北京：农业出版社 ,2017.

⑤ WORLD BANK, FOOD AND AGRICULTURE ORGANIZATION AND WORLDFISH CENTER (WB/FAO/WFC). Hidden harvest: the global contribution of capture fisheries, World Bank, Report No. 66469-GLB, Washington, DC: World Bank, 2012：69.

⑥ 农业部渔业局 . 中国渔业统计年鉴 [M]. 北京：农业出版社 ,2017.

时这一占比可能高达 95%；但男性临时工的比例要低得多。考虑技术和劳动强度要求，女性临时工的收入通常低于男性，特别是小型或家族自营的养鱼场或海产品加工企业，它们雇用的女性临时工人数往往要多于男性。

表 1-1　中国渔业和水产养殖业的就业情况（包括全职和兼职）

| | 1995 年 | 2000 年 | 2005 年 | 2010 年 | 2012 年 | 2016 年 |
|---|---|---|---|---|---|---|
| FI+AQ/ 千人 | 11429 | 12936 | 12903 | 13992 | 14441 | 13817 |
| 指数 | 89 | 100 | 100 | 108 | 112 | 107 |
| FI/ 千人 | 8759 | 9213 | 8389 | 9013 | 9226 | 9226 |
| 指数 | 104 | 110 | 100 | 107 | 110 | 110 |
| AQ/ 千人 | 2669 | 3722 | 4514 | 4979 | 5214 | 5022 |
| 指数 | 59 | 82 | 100 | 110 | 116 | 111 |

数据来源　FAO. The State of World Fisheries and Aquaculture 2014. Rome, 2014: 223 . 指数以2005 年为基准。

自“十一五”规划以来，中国一直致力于改善农村地区的经济和社会条件，这其中也包括渔村[①]。虽然女性将来有可能在沿海经济中发挥更大的作用，但我们对女性在渔业和水产养殖业中的作用仍然缺乏了解。有必要进一步研究性别差异问题，改善女性在渔业和水产养殖业方面的教育及其社会经济地位与责任。

## （六）其他国家的海洋生物资源

考虑国内海产品的供不应求，中国正越来越多地寻求通过海外进口来满足其日益增长的海产品需求。例如，根据国家“十三五”规划，中国远洋渔船对其捕捞总量的贡献预计将从 2017 年的 14% 增长到 23%。但是，目前地球上很少有捕捞渔业未被开发。经过评估的全球大多数渔业都已得到充分开发，这意味着已经接近目标产量，且增产的空间极为有限。约 1/3 的被评估渔业已经过度开发或崩溃，这暗示着目前的产量要么不可持续，要么已经开始下降。如果可以重新恢复渔业种群并且将渔获量保持在可持续的水平，那么这些崩溃的渔业也可能贡献潜在的产量[②]。考虑许多国家没有能力对本国的渔业进行评估，

① XU S J, YH XU, YL HUANG,et al. Women’s roles in the construction of New Fishing Villages in China, as shown from surveys in Zhejiang Province[J]. Asian Fisheries Science, 2012, 25S: 229-236.
② COSTELLO C, OVANDO D, CLAVELLE T,et al. Global fishery prospects under contrasting management regimes[J/OL]. Proceedings of the National Academy of Sciences, 2016, 113(18), 5125-5129. doi:10.1073/pnas.1520420113.

实际过度开发和崩溃的渔业比例可能更高，而这些未纳入全球趋势预测的未评估渔业更有可能濒临枯竭状态[①]。

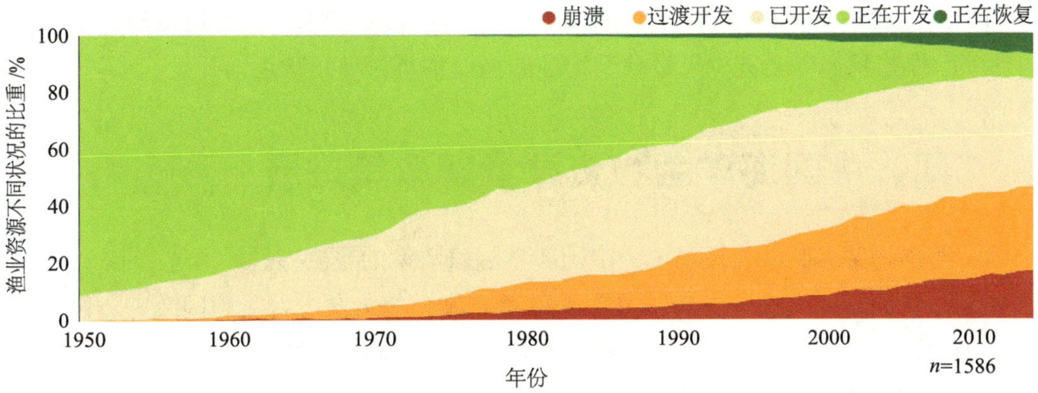


**图 1-7　1950—2010 年世界渔业资源状况**

数据来源：PAULY D，ZELLER D. Sea Around Us Concepts, Design and Data. 2015.(www.seaaroundus.org)

过度捕捞是当今世界许多渔业面临的最重要问题。数量庞大而无处不在的渔船导致渔获生物直接死亡，通常也会对栖息地产生附带影响；过度捕捞仍然是全球范围内海洋健康和生物多样性面临的主要威胁。事实上，近期的评估表明，结束过度捕捞可以促进海洋野生动物（包括哺乳动物、鸟类和海龟）的恢复，揭示了过度捕捞对生态系统的严重影响[②]。导致过度捕捞的一个重要驱动因素是，许多国家，尤其是发展中国家，缺乏可持续管理资源所需的专业科学知识、治理能力和财政资源。当然，捕捞之外的其他压力因素也会影响渔业资源，包括污染、沿海开发，以及气候变化（或许也是最重要的）。

令人欣慰的是，生物经济模型表明，改进的渔业管理可以抵消气候变化的影响。根据受气候变化影响的严重程度，改进的渔业管理可以帮助维持，甚至适度增加全球渔业的总产量[③]。

虽然过度捕捞和海水养殖管理已成为全球共享的经验，但发达国家在解决

① COSTELLO C, OVANDO D, HILBORN R, et al .Status and solutions for the world's unassessed fisheries[J]. Science, 2012, 338(6106), 517-520.

② BURGESS M, MCDERMOTT G, OWASHI B, et al. Protecting marine mammals, turtles, and birds by rebuilding global fisheries[J]. Science, 2018,359(6381), 1255-1258. doi: 10.1126/science.aao4248.

③ GAINES S, COSTELLO C, OWASHI B, et al. Improved fisheries management could offset many negative effects of climate change[J/OL]. Science Advances, 2018, 4(8): eaao1378 DOI: 10.1126/sciadv.aao1378.

这些问题方面积累的解决方案和技术专长并未得到推广和普及。事实上，随着发达国家自20世纪90年代开始对其渔业进行管理，全球捕捞渔业的目标转向了发展中国家那些基本上未经评估的渔业种类①。在过去30年中，发展中国家的渔业（包括捕捞和养殖）产量翻了一番，目前占全球水产品出口量的一半以上②。那些我们知之甚少且最缺乏管理的渔业种类目前正被逐渐开发。

## 四、中国海洋生物资源管理政策进展

当前，生态文明建设已成为中国各项国家政策的重要主题。通过“十三五”规划、党的十九大报告、2018年《宪法修正案》等大政方针，中国政府一再明确指出，要坚决以环境保护为前提，继续推动经济和社会进步。事实上，经济、社会和环境协调发展，不应以牺牲彼此为代价，已成为现代中国的治国理念。只有通过协调发展，才能可持续地实现经济、社会和环境发展目标。以损害环境资源为代价的经济进步，将破坏许多经济领域的基础，而社会条件的恶化将产生福利成本，抵消增加的利润。同样地，阻碍经济繁荣的环境保护措施会产生社会成本，导致政策无法获得公众支持，并以失败告终。

联合国可持续发展目标（SDGs）同样旨在实现经济、社会和环境进步这三项基本目标。中国通过对联合国可持续发展目标做出明确承诺，向全世界宣告了这一新的治国理念。2016年，中国制定并发布了《中国落实2030年可持续发展议程国别方案》，为每个SDG目标都制订了详细的行动计划。自实施以来，中国已经对这些目标进行了一轮报告。中国在能源消耗和大气污染这两个环境保护领域取得了显著成果，这两个领域与应对气候变化的SDG目标2（SDG #2）有关。2016年，中国单位GDP能耗下降了5%，单位GDP二氧化碳排放下降了6.6.%③。中国在实现SDG #2（侧重于减贫）方面也取得了重大进展。人均可支配收入实际增加6.3%，而贫困农村居民人数减少了1240万元。鉴于此，中国有望提前10年实现其SDG #2④。

① WORM B, HILBORN R, BAUM J, et al. Rebuilding global fisheries[J]. Science, 2009, 325(5940): 578-585.
② Roheim C. Trade liberalization in fish products: impacts on sustainability of international markets and fish resources. In A. Aksoy and J. Beghin, (Eds.), Global Agricultural Trade and Developing Countries. The World Bank. 2004.
③ 中华人民共和国外交部 . China’s progress report on implementation of the 2030 Agenda for Sustainable Development. 2017.https://www.fmprc.gov.cn/web/ziliao_674904/zt_674979/dnzt_674981/qtzt/2030kcxfzyc_686343/P020170824650025885740.pdf
④ 同①。

针对 SDG#14，中国也采取了一系列重要措施来保护和可持续利用海洋生物资源，包括划定生态保护红线，将中国 30% 的海域和 35% 的海岸线划定在红线保护范围之内。扩大了总保护面积，加强了执法力度。中国还制定了更严格的海上污染物排放标准，改善了沿海地区的污染治理设施和污水管网。中国政府还增加了减船补贴，还为渔船拆除提供补贴，设定了渔船数量和总功率限值。此外，中国还为“一带一路”（BRI）沿线国家建设水产养殖设施提供援助。“一带一路”倡议是中国参与现代国际事务的最重要和最强大的举措之一，该倡议也强调要在实现经济目标的同时，努力实现环境和社会目标。

在海洋领域，国家海洋局与国家发展和改革委员会在 2017 年联合发布的《“一带一路”建设海上合作设想》中，提出了通过“一带一路”倡议实现上述国际三项基本目标的路径。该文件强调了海洋生物资源的重要性，同时指出需要改善整个地区的海水养殖和渔业管理，以及栖息地和生物多样性的保护。

中国正逐步通过“一带一路”倡议和其他举措分享本国的成功经验，为其他国家的政策变革提供借鉴，中国的国际领导力也将随之增强。为此，中国制定的一系列旨在改善中国海洋生物资源管理的重要国策将发挥重要作用。在“十三五”期间，生态文明建设被提升为一项重要国策；但在此前中国就开始通过出台新政策来解决海水养殖的不合理增长和环境影响问题，例如，设定了到 2020 年的海水养殖总面积上限，渔业“十三五”规划中提出了“减量增收、提质增效和绿色发展”的原则。此外，通过逐渐加强许可证管理、监督和执法，对沿海地区的过度开发问题的管控已初见成效。不过，上述举措今后仍需要进一步加强。

“十三五”规划促使原农业部在 2017 年年初出台了一项全面而雄心勃勃的国家渔业新政策。该政策确定了减少渔业总量、渔船数量及总发动机功率的国家目标。此外，该政策还涉及省级和地方层面详细的渔业管理机制，包括改进种群评估，通过监测来支持种群评估并确保合法作业，给予渔业生产者捕鱼权和参与渔业管理的机会，以及更多地采取产出控制措施。中国的政策改革高度依赖于试点项目，同时也是为了让省市各级政府弄清楚通过何种方式来实现国家目标；由于产出控制措施标志着中国渔业管理领域的一项颠覆性重大变革，因此针对这项农业新政，沿海五省也启动了总可捕量（Total Allowable Catch，TAC）管理试点项目。

这项农业新政策不仅着重改善对捕捞种类的管理，而且还侧重于保护整个生态系统免受捕捞的不利影响。这些规定将是实现更加全面、综合的海洋生物资源管理的重要步骤。其他政策和试点项目也朝着这一方向迈出了重要的一步。例如，厦门基于生态系统保护的综合规划试点项目旨在为海水养殖、渔业、航运和其他用海方式划定空间，同时尽量减少这些用海项目的相互影响，并确保对重要生态资源的保护。该试点项目力求在高度城市化的沿海地区努力实现这种复杂的平衡，这需要强大的技术支撑，以及不同部门和各级政府协作管理。值得指出的是，该试点项目成功地保护了中华白海豚的一个小而稳定的种群——中国是这一物种分布区的最北侧。

通过综合性政策和协调的治理，同时将管理措施与当地传统和价值观相协调，方能最有效地实现海洋生物资源的综合管理。自 2013 年以来，中国内地已经开始通过建设“美丽乡村”朝着这个方向发展，这一概念正式将人类福祉、生活质量和文化因素纳入政策当中。以“美丽乡村”为基础，中国正在建设大量的“美丽渔村”；这也是根据不同地方的社会、经济和生态特征，基于当地视角、目标和认知制定出的强有力的海洋生物资源管理策略。

## 五、海洋生物资源管理的国际经验

鉴于中国人口众多、海岸线绵长，并且有众多依海为生的渔业人口，中国在海洋生物资源管理方面面临着独特的挑战。不过，世界上其他国家在海洋生物资源管理上也面临着许多类似的重大挑战，其对策措施和解决方案可资借鉴。以下案例研究展示了其他国家从不同领域加强海洋生物资源管理的方式，包括加强监测、全面和综合的空间规划、缓解气候变化的影响、增加海洋渔业的长远价值而非产量，以及通过交流帮助在国际范围内推广解决方案。在中国生态文明建设进程中，这些实践经验将为中国提供有益的借鉴和启发。

## （一）加强监控

在缺乏准确或完整信息的情况下，海洋生物资源管理不可避免地会遭遇各种挑战。对海洋生物资源管理来说，所谓监测就是数据收集，包括水产养殖和捕捞渔业的作业情况，以及生态系统健康数据，以此来帮助改善行业状况，并落实管理措施。监测还能反映出政府管理的效果，有时会揭示出意外的模式或信息，帮助推进对特定问题的科学研究。此外，监测还可帮助监察违法行为，进而辅助执法。因此，加强监测工作可以带来更好的管理、决策和监管效果，但能力和资金往往对扩大监测范围构成约束。以下案例研究证明了监测的价值，并探究了开展监测以促进海洋生物资源管理的创新方式。

### 1. 信息公开促进了挪威渔业治理

收集、分析和分享不同海洋生产系统的数据可以帮助经营者、渔民、企业、管理者和其他利益相关者就海洋生物资源管理做出更明智的决策。以下介绍了通过收集和使用信息来改善管理的一个案例——挪威三文鱼养殖管理信息系统。

挪威是欧洲最大的养殖水产品出口国，在全球排名第六位。然而，由于挪威的独特地形，挪威 80% 的人口都生活在距离海洋不到 10 千米的区域内，这使保持所有水产养殖的清洁和充分监测至关重要。对于三文鱼养殖，挪威渔业署的网站上不仅给出了获得政府许可的每一个三文鱼养殖场的位置、产能和经营状况信息，还给出了各养殖场的环境影响评估结果。挪威的所有三文鱼养殖许可证都在这个基于地理信息系统的系统中注册，养殖场每周都需要通过该网站向渔业署报告其库存量。政府检查员将每月对养殖场进行例行抽检。这种几乎实时的数据共享极大地促进了海水养殖治理，并使科学家能够预测养殖场对环境的影响，如鱼虱传播情况，以便适时提出预防措施。

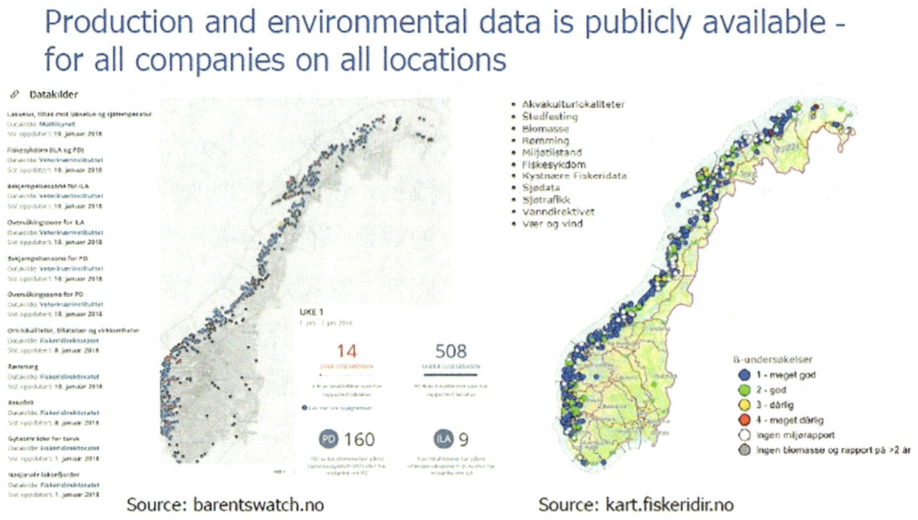


**图 1-8　挪业渔业署网站上公布的水产养殖场的生产和环境数据**

公开数据有助于利益相关者了解政府决策，促进群体之间的信任，并建立强大的问责制度。科学家可以审查数据并提出更好的解决方案。三文鱼养殖场的业主和经营者能够观察附近的环境问题或疫情暴发情况，并做好相应的准备。通过增加数据量，政府能够更准确地了解影响水产养殖或由于水产养殖产生的问题，并利用这些数据改善管理。

中国目前尚未开发出这样的工具包来帮助进行渔业治理。虽然某些省市的海洋渔业部门曾经尝试建立中试规模的水产养殖信息化综合管理服务系统，但由于养殖场缺乏动力或压力来报告其生产数据，因此这项工作最终没有取得实效。

### 2. 美国太平洋鳕鱼业的电子监控

即便渔民和管理者认识到监测和数据收集的重要性，但考虑巨大成本和资源投入，建立这样的信息系统并非轻而易举的事。不过，信息收集和处理技术的发展，为克服这些挑战提供了巨大的潜力。以下案例向我们展示了新技术如何通过补充甚至取代传统的基于观察员的海洋渔业监测系统来解决这一问题。

美国有大约 35 艘渔船从事太平洋鳕鱼捕捞，通过每年分配配额加以管理[①]。最初，渔船仅对其上岸的渔获物负责。但是，这加剧了海上丢弃不符合

① MCFIELD M, KRAMER P, ALVAREZ FILIP L, et al. 2018 Report card for the Mesoamerican Reef. Healthy Reefs Initiative [EB/OL].2018.www.healthyreefs.org.

要求的渔获物和兼捕渔获物的现象。为此，政府进行了制度调整，并出台了新的法规要求渔民对所有渔获物负责，其中包括海上丢弃的渔获物。为了确保渔民遵守这一新制度，太平洋鳕鱼业需要开发新的综合监测系统，以包含海上问责。捕捞太平洋鳕鱼通常只需要短途出海，不容易引人注意，这使得观察员系统难以运作。为此，政府与群岛海洋研究所合作设计了一个自动化电子监控系统。

在该电子监控系统下，渔船配备了多达四个摄像机、渔具传感器和 GPS 接收器。这些工具收集的数据将存储在渔船上，每两周由技术人员进行检索。与此同时，渔民也需要保留出海日志，以便与自动监测数据进行核对[①]。技术人员将定期核查自动监测数据，检查是否有未报告的丢弃物和在禁渔区捕鱼的行为，并收集对于渔民和管理者有用的重要渔业统计数据。在实施电子监控项目的 7 年中，丢弃率降低了 90%，数据收集成功率提高到 98%。遗憾的是，2011 年，作为该地区更广泛改革的一部分，政府要求渔船必须使用 100% 的观察员监测，该项目因此宣告终止。但是，这种要求每艘离港渔船配备一名人类观察员的做法，对太平洋鳕鱼业造成了沉重的成本负担。因此，太平洋鳕鱼业目前正试图再次恢复电子监控系统。

在中国，电子监控可以帮助政府实时或近实时了解捕捞产量。先进的图像处理技术甚至可以帮助检测在何时何地捕获到了哪些种类，所有这些都可以帮助政府实施基于产出的渔业管理，同时帮助科学家更好地了解中国海洋生态系统的健康状况。

## （二）全面了解和综合规划

为了实现海洋生物资源的全面管理，需要评估和平衡空间竞争性的用海活动。针对海洋空间规划、生态系统服务、水产养殖容量等进行深入的科学研究，可以极大地改善空间规划的科学性和可靠性。在此基础上，如能由多个管理部门和利益相关者参与编制空间规划，那么这一综合管理方法就能确保海洋资源利用效益最大化，同时最大限度地减少环境影响及利益相关者之间的冲突。以下给出了其他国家实施综合海洋生物资源管理的几个示例。

① LOWMAN D M, FISHER R, HOLLIDAY M C, et al. Fishery Monitoring Roadmap.2013.

### 1. 挪威的生态优先规划

挪威的海域面积是其陆地面积的7倍。挪威的海洋空间被大量开发，用于开展渔业、海上运输、石油和能源相关的经济活动。挪威近期设计并运行了一个协调监管所有海域使用的综合管理系统。自2001年起，挪威开始实施针对部分海域的单一综合管理计划①。为了制订该计划，挪威政府首先明确了生态系统的生物、社会和经济的基本情况，以及海洋空间中开展的所有活动。然后，挪威政府对所有用海部门开展了影响评估，以了解各种活动之间的相互作用或相互影响，以及与生态系统的相互作用或相互影响②。第一份海洋管理计划针对巴伦支海—罗弗敦海域，花了四年时间制订。随后针对剩余的两个海域制订了另外两份海洋管理计划。这些海洋管理计划旨在通过追求资源的可持续利用，同时维护自然生态系统的完整性，在这些生态系统中创造更大的价值③。

为了平衡可持续的资源利用与生态保护，有大量的政府机构参与规划和管理过程，同时还有利益相关者的不断投入，并开展了大量深入的科学研究工作。管理这种复杂过程的一个特别有用的方法是，在过程开始时确定生态优先事项。用于确定生态优先事项的主要标准包括：通过生产力或生物多样性核算的生态价值，以及基于所有生物的集中度、生活史中的关键阶段、固着生物的丰度、洄游通道等计算出来的生态脆弱性④。核查这些关键的生态学基础条件，可帮助管理部门确保其他海域使用方式不仅可行，而且不会产生负面的生态影响。尽管对不同海域使用的日常管理都是单独进行的，但所谓综合海洋管理却将这些单一管理纳入更高层次的治理中，后者既受到这些生态优先事项的约束，又能在开阔和相互关联的视野下运作。

### 2. 美国切萨皮克湾和南大西洋地区的生态修复

切萨皮克湾位于美国中大西洋地区，是美国最大的河口。城市、住宅、农业等各个方面的大量土地利用，以及钓鱼、划船、航运等广泛的水域利用，

---

① OTTERSEN G, OLSEN E, MEEREN G I,et al. The Norwegian plan for integrated ecosystem-based management of the marine environment in the Norwegian Sea[J/OL]. Marine Policy, 2011,35(3):389-398. doi:10.1016/j.marpol.2010.10.017.

② PETTERSEN E. Integrated marine management: Norway's methodology and experience [PowerPoint Slides]. Norwegian Environmental Agency. 2015.http://www.varam.gov.lv/in_site/tools/download.php?file=files/text/Finansu_instrumenti/EEZ_2009_2014/7_10_2015_semin_pr/2_Integrated_Marine_Management_Plans_Eirik_Drablos_Pettersen.pdf.

③ SCHIVE P. Ecosystem approach- Norwegian marine integrated management plans [PowerPoint Slides]. Norwegian Ministry of Climate and Environment.2018.

④ WINTHER J. Identifying particularly valuable and vulnerable areas [PowerPoint Slides]. Centre for the Ocean and the Arctic & Norwegian Polar Institute.2018.

严重破坏了切萨皮克湾的生态系统。随着时间的推移，这种大规模的利用和高强度的开发导致切萨皮克湾的水质和捕捞渔业严重恶化。由于这一地区的土地和水域利用涉及大量的主管部门，包括私人土地所有者、市政当局、州和联邦政府，即使利益相关者和政府已经注意到这一问题，要实施和执行总体政策也异常困难。

美国国会研究发现，富营养化是导致海洋生物资源急剧减少的一个原因。为此，美国在 1983 年发起了“切萨皮克湾计划”。该计划是一个涉及多个司法辖区和多方利益相关者的伙伴关系，旨在协调政策、资金和技术能力，设定雄心勃勃的有时限和可量化的目标。目前，不受限制的开发和利用仍然在产生负面影响，但通过减少污染和其他负面因素、尽可能保护健康的栖息地，以及开展广泛的修复行动，切萨皮克湾已经实现了水质和栖息地的明显改善，牡蛎、蓝蟹和其他野生动物种群的明显恢复。

这种综合栖息地保护模式也被用于美国其他地区并取得了巨大成功。例如，南大西洋渔业管理委员会通过其“栖息地计划”和“渔业生态系统计划”来保护重要鱼类栖息地。阿尔伯马尔湾—帕姆理科湾国家河口伙伴关系（APNEP）在“国家河口计划”的支持下，制定了“综合保护和管理计划”。北卡罗来纳州已经制定了自己的“沿海栖息地保护计划”。通过持续地考量整体状况和所有用途，优先考虑生态基础，综合管理计划可以帮助资源使用者共同获得更高的长期回报。

### 3. 大堡礁的空间管理

在大堡礁出现特别具有破坏性的棘冠海星之后，澳大利亚的立法者积极采取行动，力求保护这一自然奇观和文化象征免受持续的环境问题的影响。1975 年，澳大利亚根据联邦法律规定建设了大堡礁海洋公园。大堡礁海洋公园被设计为多用途公园，包括垂钓、休闲娱乐和航运等。在设计过程中，大堡礁海洋公园管理局将公园分成更小的区域，然后又对每个区域进行分区[①]。但是，在整个 20 世纪 90 年代，越来越多的科学证据表明，这种分散化管理方法的效果并不好。

为此，澳大利亚政府放弃了这种低效的分散化管理方法，重新审视了这些资料并着手研究制定新的策略。为此，澳大利亚发起了一项综合的、以科学为基础的空间规划流程，来确定整个公园范围内的栖息地、生物种群和群落的代

① GERSHMAN D, WONDOLLECK J, YAFEE S. Great Barrier Reef marine park. Marine Ecosystem-Based Management in Practice. 2012. http://webservices.itcs.umich.edu/drupal/mebm/?q=node/56.

表性区域，而不是一开始就把公园分成几个区域。这是一种漫长的、多方参与式的协商过程。主管当局考虑了社会和经济影响，并寻求与环境目标保持一致的替代方案，同时最大限度地减少负面影响。虽然这个过程很漫长，但综合考虑所有因素和所有方案非常重要。因此，从长远来看，这种设计被证明更有效、更耐用。新计划于 2006 年制订完成，将 33% 的大堡礁列为禁捕区，并致力于保护在规划过程中确定的 70 个不同的生物区。该制度不仅在澳大利亚取得了巨大成功，帮助增加了鱼群密度和个体规格，更向国际社会展示了适应性管理的重要性，以及在制度开发初期花时间充分考虑所有信息并促进所有利益相关者参与的重要性。

### 4. 海洋空间规划工具的开发

随着沿海水域被农业、渔业、航运和越来越多的行业所占用，对各行业进行单独管理和规划已被证明是一种低效的方法。进行全面、综合的海洋空间规划似乎已成为必然趋势，而目前已经开发出了越来越多的工具来协助完成这项任务。加州大学圣巴巴拉分校的研究人员开发的 SeaSketch，是一种可供非专业人士使用的工具，可以为其所在地区制定数百种可能的海洋空间规划方案。这些方案通过程序分析，可以预测生物、社会和经济表现，从而较为直观地评估收益，以此来比较和评估不同规划方案之间的优劣。这一规划平台（工具）甚至允许利益相关者投资不同的规划方案，并进行同行协作。SeaSketch 工具已被用于巴布达岛（“巴布达岛 Blue Halo 计划”）和新西兰豪拉基湾（“海洋变化”）等地的大范围空间规划。类似的空间规划工具不断涌现和获得改进，它们整合了更多的数据并引入更深入的权衡分析[①]。有了这些工具，管理者可以更自信、更有效地制订成功的综合海洋空间计划。

目前，中国政府正在推动开展水产养殖区规划，而某些海区的水产养殖区划已进入中试阶段，例如荣成市的桑沟湾，以生态保护优先为原则，在综合考虑其他用海方式的前提下被划分为可养区、限养区和禁养区[②]。

① LESTER S E, STEVENS J M, GENTRY R R, et al. Marine spatial planning makes room for offshore aquaculture in crowded coastal waters[J/OL]. Nature Communications, 2018, 9(1). doi:10.1038/s41467-018-03249-1.

② SUN Q W, LIU H, SHANG W T, et al. Spatial planning of aquaculture in Sanggou Bay and surrounding sea areas[J]. Ocean and Coastal Management. 2018.

## （三）气候变化管理

气候变化已经越来越多地影响所有海洋生态系统和各国的海洋生物资源管理。气候变化的威胁从改变种群分布和生产力到威胁粮食安全和渔民人身安全等问题。但是，在不同的背景下，气候变化影响的严重程度或影响面也会有所不同。针对这一问题，没有也不会有通用的解决方案。某些地区的一些种群将会增加；另一些种群则会消失。一些海水养殖活动可能会因温度变化而蓬勃发展；另一些则可能会因极端天气而败落[①]。世界各国都已经在面临这些挑战。其中一个备受争议的案例是，英国在欧盟的支持下，与冰岛和法罗群岛之间进行的所谓“鲭鱼战争”。受到北大西洋海水温度上升的影响，冰岛在其海域中发现了越来越多的鲭鱼，因此显著增加了鲭鱼捕捞配额。但在其他国家没有相应减少鲭鱼捕捞配额的情况下，使鲭渔业变得不可持续，并最终在 2012 年失去了海洋管理委员会（Marine Stewardship Council，MSC）的认证[②]。

虽然气候变化的影响是多种多样且充满各种不确定性，但管理者可以研究和规划不同的情景。例如，国际海洋考察理事会（ICES）正与包括美国环保协会在内的非政府组织合作，汇集正确的问题，推动创新的解决方案，应对不断变化的环境。其中，建立强大的区域伙伴关系和开发基于大型生态系统的方法至关重要[③]。各机构应着手将不确定性纳入管理框架，而所有新政策从一开始就应考虑气候变化影响。

## （四）增加捕捞渔业的长远价值而非产量

国际经验表明，当渔业得到可持续管理时，它们可以为人们提供更多的食物、更繁荣的生计，以及更健康的海洋环境。在许多案例中，渔民已经从追求短期最大渔获量成功转为增加渔业的长远价值。虽然这种转变所依据的管理策

① DE SILVA S, SOTO D. Climate change and aquaculture: potential impacts, adaptation and mitigation. In K. Cochrane, C. De Young, D. Soto, T. Bahri (Eds.), Climate change implications for fisheries and aquaculture: overview of current scientific knowledge. FAO Fisheries and Aquaculture Technical Paper 530. Food and Agriculture Organization of the United Nations. 2009.

② JENSEN F, FROST H, THØGERSEN T, et al. Game theory and fish wars: The case of the Northeast Atlantic mackerel fishery[J/OL]. Fisheries Research, 2015(172): 7-16. doi:10.1016/j.fishres. 2015.06.022.

③ MOUSTAHFID H. Current actions, identified solutions and opportunities in addressing the effects of climate change on fisheries and aquaculture. Presentation for The effects of climate change on oceans, UN-ICP-18 meeting from 15-19 May 2017.

略可能各不相同，但事实证明，为渔民、社区和渔业提供强大的水域准入权，可以激励渔民树立保护意识，具体如下面的案例研究所示。

### 1. 伯利兹的基于水域使用权的捕捞配额制度（TURF）管理

随着多年渔获努力量的增加，以及龙虾和海螺渔获量的不断减少，伯利兹政府于2009年开始努力改善本国的渔业治理。除了作为重要的蛋白质来源，龙虾和海螺也是伯利兹最具价值的两种出口品种，为本国渔民提供重要的收入来源。考虑利害攸关，伯利兹政府在非政府组织的协助下，在两个社区推出了雄心勃勃的TURF试点项目。在试点地区，仅限历史上在该地区捕捞的当地渔民进入水域从事捕捞活动，其他渔民则被禁止入渔。这些本地渔民必须尊重禁捕区和其他捕捞规定，才能获得捕鱼权。这种做法弱化了日常的水域使用竞争，增加了对未来资源健康的投入[①]；使违规捕捞率也下降了60%。

2016年，伯利兹政府在全国范围内推广这一试点项目，覆盖所有国内水域。所有海螺和龙虾捕捞现在都通过TURF网络进行管理，并由政府和当选渔民组成的地方委员会共同管理。根据“健康珊瑚礁计划”，2016—2018年，伯利兹南部堡礁的健康状况有所改善，总体达到“良好”健康等级，是中美洲珊瑚礁中仅有的达到“良好”健康等级的三个珊瑚礁之一[②]。通过采用有限数据分析工具，这一最初仅针对龙虾和海螺的管理现在正扩展到高度多样化的有鱼类捕捞业。渔民希望并支持加强和扩大海洋保护区网络，以提高其资源质量。为了充分利用好的优质的产品，合作社与非政府组织合作，与伯利兹餐厅和酒店建立了当地海产品认证计划[③]。由当地企业造就的这一新兴市场为可持续产品的高价打开了大门，从而激励渔民将可持续渔业长期坚持下去。

### 2. 墨西哥湾的红鲷鱼个人可转让配额（ITQ）管理

墨西哥湾为美国国内市场供应了40%以上的海产品。在蟹、虾、石斑鱼和剑鱼等渔获物中，红鲷鱼是最具商业和娱乐价值的品种。自20世纪50年代开始，红鲷鱼种群就开始迅速枯竭。到1990年，产卵潜力已下降至2%，而

① CASTEÑEDA A, MAAZ J, REQUEÑA N,et al. Managed access in Belize. Proceedings of the 64th Gulf and Caribbean Fisheries Institute. Puerto Morelos, Mexico. 2011.

② MCFIELD M, KRAMER P, ALVAREZ FILIP L, et al. 2018 Report card for the Mesoamerican Reef. Healthy Reefs Initiative.2018. www.healthyreefs.org.

③ FUJITA R, et al. Assessing and managing small-scale fisheries in Belize. In: Salas S., Barragán-Paladines M., Chuenpagdee R. (eds) Viability and Sustainability of Small-Scale Fisheries in Latin America and The Caribbean. MARE Publication Series, 2019(19).

目标产卵潜力为26%[1]。认识到这一严峻形势，管理部门尝试进行了一系列积极的改革，例如，设定捕捞限额，以改善状况。但是，这些行动导致了危险的竞争性捕捞现象；捕捞限额一再调低，而种群数量持续下降。针对这一情况，迫切需要采取新的管理措施。于是自2007年1月1日起，管理部门开始实施ITQ计划，以减少捕捞强度，并消除竞争性捕捞造成的问题。

ITQ计划帮助减少了出海渔民数量，并为每个渔民分配了渔业总可捕量（TAC）的个人份额。每年的总可捕量由墨西哥湾渔业管理委员会设定，依据的是定期的科学种群评估，以及科学和统计专家委员会的建议。2007年（第一年）的总可捕量显著低于2006年[2]。在某些情况下，总可捕量的锐减和由此导致的少量个人配额给渔民带来了实实在在的困难。但是，到2009年，评估表明种群出现恢复迹象，因此管理者增加了总可捕量。随着该计划的继续推进，渔民出海捕鱼次数减少，海上丢弃数量减少，鱼类资源有所恢复，捕捞限额增加一倍，渔民收入增加了100%（EDF）。导致收入增加的原因是，渔民现在可以在高市场需求和高价格期间，如大斋期，进行捕捞活动，且他们能够捕获到更高质量的鱼类。从美国全国范围来看，随着类似制度的逐步实施，出现了许多成功的案例。2017年，美国过度捕捞的鱼类数量达到了有史以来的最低水平[3]。

## （五）加速并在国际范围内推广有效解决方案

发展中国家有关渔业的数据资料很少，这绝非偶然。发展中国家的渔场往往呈现小规模、兼捕和分散的特征，加大了集中收集数据的难度[4]。最根本的原因则是，许多渔业严重缺乏技术、资金和治理能力。随着发达国家不断创新和改进其海洋生物资源管理，有必要在发展中国家重蹈覆辙之前，与其分享海洋生物资源管理相关的经验教训。在发展中国家内部，提高渔业的技术、资金和治理能力，对于那些通常把水产品作为重要蛋白质来源的人群来说，可以保

① UNITED STATES NATIONAL OCEANIC AND ATMOSPHERIC ADMINISTRATION (NOAA) (n.d.). History of management of Gulf of Mexico red snapper. https://www.fisheries.noaa.gov/history-management-gulf-mexico-red-snapper.

② AGAR J J, STEPHEN J A, STRELCHECK A,et al. The Gulf of Mexico Red Snapper IFQ Program: The First Five Years[J/OL]. Marine Resource Economics, 2014, 29(2), 177-198. doi:10.1086/676825.

③ UNITED STATES NATIONAL OCEANIC AND ATMOSPHERIC ADMINISTRATION (NOAA) Status of stocks 2017: annual report to Congress on the status of US fisheries. Washington, DC.2017.

④ PURCELL S, POMEROY R. Driving small-scale fisheries in developing countries[J/OL]. Frontiers in Marine Science,2015,2:44. doi: 10.3389/fmars. 2015. 00044.

障他们的粮食安全[①]；从国际层面来看，提高对全球海洋生物资源的认知和管理，可帮助形成稳定的市场，为人类创造更健康的海洋环境。

海洋和渔业伙伴关系（Oceans and Fisheries Partnership）是在美国国际开发署（United States Agency for International Development，USAID）与东南亚渔业发展中心（Southeast Asian Fisheries Development Center）共同努力下建立的，旨在利用改善的区域关系来预防和制止非法、未报告和无管制（IUU）的捕捞行为，并改善亚太地区的渔业和生物多样性。该伙伴关系使用一系列基于生态系统的渔业管理工具，包括开发“渔获量记录和可追溯”系统，以鼓励信息公开，识别和打击IUU捕捞行为，并改善可用数据。该伙伴关系还对整个供应链进行审查，充分利用私营企业投资来增加影响，创造新的市场激励，并确保所有参与地区的可持续资金来源[②]。这些大规模的合作至关重要，它们通过促进信息交流、强化知识和能力，来解决渔业面临的一些严峻挑战，从而使各方受益。

## 六、政策建议

严重的水质污染、近海栖息地大面积破坏、过度捕捞和超容量养殖，使中国沿海和海洋生态系统面临新的危机。此外，气候变化不仅将严峻考验中国海洋生态系统的抗干扰能力，还将影响养殖产量并导致野生渔业种群跨境迁徙，从而加剧全球和地区的紧张局势。面对这些挑战，中国不仅有能力解决国内的问题，而且还可以通过一系列综合措施在区域和全球海洋保护中发挥领导作用。

### （一）加强对沿海和海洋生态系统的法律保护，促进可持续生产

中国已经开始对规模庞大的水产养殖业实施可持续管理，使其源源不断地

① HALL S J, HILBORN R, ANDREW N L,et al. Innovations in capture fisheries are an imperative for nutrition security in the developing world. Proceedings of the National Academy of Sciences, 2013, 110(21), 8393-8398. doi:10.1073/pnas.1208067110.

② UNITED STATES AGENCY FOR INTERNATIONAL DEVELOPMENT (USAID) .USAID Oceans and Fisheries Partnership fact sheet. 2018.https://www.usaid.gov/asia-regional/fact-sheets/usaid-oceans-and-fisheries-partnership.

生产安全优质的食品；若进一步强化管理，则需要创建更强大的法律工具。建议制定水产养殖管理专项法规，管控养殖密度、废物排放、（空间、能源、水、饲料）资源利用等多方面问题；以环境承载力为基础，对水产养殖规模设定科学的空间限制，并将其纳入全国海洋功能区划，从而避免或减少养殖业对海岸和海洋生态系统的负面影响；建立水产养殖库存量报告制度，以及相应的操作与监督程序，从而实现基于空间和生物量的水产养殖许可证管理。此项法律还可针对减缓水产养殖业对沿海和海洋生态系统影响做出其他相关规定，如限制抗生素或其他化学品的使用等。

近年来，中国已经开始限制捕捞渔业总量。国际经验表明，当产出控制与渔业权管理制度相结合时，渔业管理才更为有效。渔业权管理是指将渔业捕捞配额或捕捞水域使用权合理分配给渔业社区和行业中的利益相关者。通过渔业权管理，政府可以公平地将捕捞许可分配给大中小型各类企业、商业化捕捞船队和休闲渔业，以及小型渔业社区，从而便于化解矛盾、解决社会问题。随着渔业监管和信息收集工作的不断完善，基于渔业权的管理将在中国成为现实。为此，应修改《渔业法》相关条款，推动管理部门尽早采纳这一措施。

应加强滨海湿地和渔业关键栖息地保护的法律法规建设，从制度层面推进海洋生物资源养护。健康的栖息地是沿海和海洋生态系统生物资源高效产出的重要依托。中国应颁布强有力的《海洋栖息地保护法》，对海岸带和近海渔业生物的关键栖息地的保护与恢复做出明文规定。通过加强沿海和海洋栖息地的保护，鼓励对重要栖息地进行修复，着力恢复近海生态系统功能，为渔业生物保留充足的产卵场和育幼场，提高生态系统的自我调节能力以应对人类活动和气候变化的压力。要通过《海洋栖息地保护法》建立足够大的海洋和沿海保护区网络，以支持生物多样性和生态系统健康，并维持捕捞和休闲渔业所带来的持续的高利润和经济效益。

### （二）部署高科技监控系统，打击腐败和违法活动，促进海洋科学研究

中国需要加强和改善渔业监控措施，促进尖端信息技术应用，推动海洋生物资源管理的变革。中国拥有绵延的海岸线、数量庞大的渔船和水产养殖场，

以及各类海洋保护区和生态红线区。由于这些区域和行业分别由不同的政府部门来管理，故存在信息交流不畅、数据难以共享和监管漏洞等问题。先进的监控技术有助于强化海洋生物资源管理。中国在传感器、网络技术和人工智能方面的创新能力有助于我们建立一个更透明的监管系统，在各个机构之间甚至全球范围内运行，以促进海洋生态系统保护执法和守法经营。在国内应用这样的监控系统，可以使中国扩大对其近海渔船、水产品上岸点、水产养殖场，以及沿海和海洋保护区的监控。在全球范围内应用这种监控系统，则可以使中国在帮助其他国家确保资源可持续性方面发挥领导作用。

除了促进合法经营，高科技监控系统还可带来其他益处：生成大量新数据，大大提高中国对其沿海和海洋生态系统健康状况的认知；使政府能够实时处置污染事故和其他紧急情况，以保护公众健康和食品安全；帮助其他国家了解气候变化的影响，推动其与中国合作探索减缓这些影响的途径。

## （三）恢复海洋生态系统功能，促进渔业生产和生物多样性保护，提高对开发、污染和气候变化的抵御能力

中国已采取重要措施，通过划定生态红线来保护沿海和海洋生态系统。但是，应该采取更多措施来恢复丧失的栖息地，包括提供一系列宝贵生态系统服务的红树林、海草床、海涂和潮滩以及珊瑚礁。这些重要栖息地可以提供一系列生态功能，包括为各种海洋生物提供产卵场和育幼场，过滤和降解污染物，保护海岸免受侵蚀，缓解气候变化的影响等。仅仅保护现有的沿海和海域是不够的。如果中国希望其沿海和海洋生态系统能够抵御污染和气候变化的影响，并继续成为创造繁荣和食物生产的引擎，那么中国应考虑在生态科学的指导下采取大规模的举措，恢复丧失的生态系统功能和服务。

### 1. 建立有关中国沿海和海洋生态系统健康状况的“全国海洋生态报告卡”

中国应基于对本国沿海和海洋生态承载力的良好认识，来设定海洋捕捞业、海水养殖、海洋旅游等产业的经济目标。为了夯实科学基础，中国应建立海洋综合生态评估机制，即有关全国海洋和河口区健康状况的“海洋生态报告卡”制度。报告应评估渔业和海水养殖对中国海洋生物资源高强度利用的累积影响，以及污染、开发、旅游业和气候变化对中国沿海和海洋生态系统健康状况的影

响。报告应评估重要生态系统功能和服务的完整性，包括水和营养物质循环及关键栖息地，并衡量它们对气候变化和其他未来压力的抵御能力。报告还应就中国如何提高沿海和海洋生态系统的生态容量和自我修复能力、支持海产品生产和旅游业，以及保护生物多样性提出建议。此外，报告应公开发布并定期更新。

### 2. 制定国家行动计划，以恢复丧失的生态系统功能和服务

与大多数国家一样，中国的海洋和河口区往往由不同的行政部门所管辖，为此，中国应考虑制定一项综合计划来协调不同管理部门的工作。该项计划将推进部门之间的分工协作和步调一致，共同保持健全的生态系统服务和功能，并优化中国的长期经济利益。该计划应涉及农业农村部、生态环境部、自然资源部以及沿海地区的相关省、市各级管理部门。该计划也将为各种治理行动提供指导方针，如设定捕捞配额、对海水养殖分区管理、利用生态红线保护栖息地、修复沿海和海洋栖息地、控制污染，以及通过海洋空间规划划分功能区等。

## （四）建立海上丝路国家伙伴关系网络，促进可持续海洋治理并实现可持续发展目标

地球上只有一个海洋，我们都受到其生态系统健康的影响。“海上丝绸之路”倡议为中国展示其在全球海洋治理方面的领导力，推进联合国可持续发展目标提供了历史性机遇。在丝绸之路倡议下，中国应考虑与亚洲、非洲和欧洲国家建立一个伙伴关系网络，以鼓励相互学习，促进共同行动，创造健康海洋环境。

中国发挥领导作用很重要。许多发展中国家在管理海洋生物资源方面面临着与中国相似的挑战，但它们通常缺乏中国的科学技术专长、治理能力和财政资源。因此，这些国家的海洋资源往往最缺乏管理且面临最大的威胁。中国可以通过促进信息共享及帮助伙伴国家建立教育、科学和技术能力，促进海上丝绸之路沿线国家的可持续发展。合作的主要议题可包括持续地管理海洋资源，促进经济发展，改善弱势群体的粮食安全，打击非法捕鱼，以及在渔业社区和供应链中强化女性的地位和能力。

中国还可以利用“海上丝绸之路”倡议，促进建立减缓气候变化对海洋生物资源影响的区域性和全球性治理措施，从而继续展示其领导力。在亚洲和非洲，气候变化可能导致野生鱼类跨境迁徙，也会改变海洋环境，这些可能会改

变海水养殖和捕捞渔业的生产力，进而影响各国的渔业生产，所以气候变化可能加剧各国之间的冲突。“海上丝绸之路”倡议可以为该地区提供领导和制度平台，让各国协作开发急需的、减缓气候变化对海洋生态系统影响的应对措施。

## （五）评估气候变化对海洋生物资源的影响，并评估减缓气候变化影响的方法

气候变化已经对世界各地的海洋生物资源产生了各种各样的重大影响，且随着时间的推移，这些影响可能会变得更加严重。中国可以推动更多研究来评估气候变化对本国捕捞渔业、海水养殖和这些行业所依赖的自然生态系统服务的影响，从而解决这一问题。需要评估的另一个重要问题是，气候变化如何影响整个亚太地区和世界的渔业和粮食生产。评估应考虑海水变暖、海洋酸化以及天气、营养物质和水循环变化的潜在影响。

除了评估影响外，中国可能还需要考虑减缓气候变化影响，或有效适应气候变化的对策。例如，中国科学家可以评估省级政府如何共同管理渔业，行业如何在物种迁徙的情况下保持盈利能力，如何培育更多耐高温或耐低 pH 的海水养殖新品种，以及如何制定或加强国际鱼类资源共享协定。

# 第二章

# 中国环境与发展国际合作委员会2018年年会给中国政府的政策建议

一年来，中国环境与发展国际合作委员会（简称国合会）紧紧围绕第六届国合会四大课题，设立若干专题政策研究项目，充分发挥智力密集优势，深入开展研究工作，并以此为基础经全体委员深入讨论，最终形成此政策建议。

国合会委员认为，未来世界可能会受到各种冲击的影响，其中许多冲击与环境风险紧密关联。贸易战可能会影响应对全球气候变化行动，生物多样性丧失会影响到减贫。与此同时，一些大国正试图退出环境和其他国际协议。当前，中国已成为绿色发展的重要参与者，其所面临的新的重大挑战就是在持续推进国内绿色发展的同时，成为全球绿色发展的引领者，在保障美丽中国目标实现的同时，为子孙后代留下一颗健康美丽的星球。

# 一、加强气候变化减缓行动，提升中国对全球气候治理的贡献

最新的政府间气候变化专门委员会有关全球升温 1.5℃的报告指出，《巴黎协定》后现有的全球行动与全球为避免灾难性气候变化所应采取行动之间尚存巨大差距，挑战远超预期，各国政府必须加强国内措施和国际合作。我们必须在体系层面进行创新，而不仅是技术创新，还应包括机制、政策、经济、企业发展模式、消费行为等方面的创新。

考虑中国已取得的显著进展，中国的温室气体排放可争取提前达峰，并争取整体峰值低于预期。气候变化行动可以在促进金融稳定、增加就业、减贫、防治污染、提高人民健康水平、推进供给侧结构性改革等领域发挥重要作用。

为充分利用好中国当前机构改革所带来的机遇，建议中国政府从以下三方面加强应对气候变化。

## （一）建立高效的部门协调机制

由国家应对气候变化与节能减排领导小组牵头，协调统一应对气候变化行动，以制定和落实各项短期规划（“十四五”规划）、中期规划（2030 年国家

自主贡献方案修订版和美丽中国2035）和长期规划（到2050年的“世纪中叶战略”）为契机和抓手，协调实现各领域战略目标。

### （二）加强应对气候变化与改善环境空气质量的协同管理

在法律法规制定及数据公开、监测、执法、监管和追责等制度设计方面，加强应对气候变化与解决其他环境问题的协同性。将应对气候变化相关指标纳入中央生态环境保护督查工作体系。突出地方层面应对气候变化的重要性和必要性，强化地方能力建设。

### （三）加强煤炭使用控制，推广可再生能源，扩大能效增幅

取消配额制或长期合同，控制工业煤炭使用，加大对煤炭依赖型省级行政区经济转型的支持力度。结清尚未落实到位的可再生能源补贴，并构建一套新的可再生能源支持政策体系。在实施《蒙特利尔议定书基加利修订案》中发挥引领作用，制定全球领先的空调能效标准，并将出口产品纳入标准实施范围，开展规模集中制冷示范项目。

## 二、积极推动《生物多样性公约》履约，在制定2020后全球生物多样性保护目标方面发挥强有力的领导作用

《生物多样性公约》第十五次缔约方大会（COP15）将于2020年由中国承办。COP15是开辟全球绿色治理新征程的重要契机，也是展示中国建设生态文明承诺和成就、积极参与生物多样性保护和生态系统全球治理的重要平台。大会的预期目标是，制定2020后全球生物多样性保护目标，采取积极措施大幅减少世界各地的生物多样性丧失，并扭转全球生物多样性丧失的趋势。简言之，即推动实现生物多样性丧失的拐点。中国应发挥强有力的领导作用，积极

促成 COP15 实现以下目标。

### （一）提出 2020 后全球生物多样性保护框架

深入研究、主动外交、广采众议，提出有雄心、有历史意义、可实现的、有建设性的 2020 后全球生物多样性保护框架。

### （二）建立有效机制，确保公约战略目标如期实现

主要应考虑以下几个方面：一是鼓励企业、民间组织和其他社会主体积极参与；二是创新公约实施机制，开展定期审查，开发推进手段；三是不断提高国家自主贡献及其他利益相关方目标；四是探讨创新金融投资机制；五是积极沟通交流，同气候变化、海洋治理、贸易与投资、联合国可持续发展目标等重要国际议程保持一致，形成协同效应。

### （三）展示中国生物多样性保护经验，为国际社会提供参考借鉴

大力宣传生态文明、生态红线、绿色金融、自然资源资产核算和审计、生态补偿、生态环境执法、国家公园体系等中国提出的国内措施和国际倡议，将生物多样性议题主流化，融入其他领域。在基础设施或可再生能源项目空间规划的编制实施中，避免或最小化项目建设对生物多样性所带来的负面影响，并给予相应补偿。

### （四）加强海外投资和贸易中的生物多样性保护

中国应立即采取措施加强建设绿色“一带一路”（见第四部分），主动推动与周边国家的联合生物多样性保护议程（如将跨界雪豹保护作为“一带一路”的绿色排头兵），并降低木材、棕榈油、大豆、海产品等进口商品供应链上的环境、气候与生物多样性影响。

### （五）推进国家领导人持续的政治参与

借鉴2015年巴黎气候大会的做法，在2020年联合国大会期间，就COP15主题召开国家元首或政府首脑会议，尽早开展积极主动的外联活动，凸显COP15重要意义。为COP15和日后的公约谈判履约工作任命一位自然保护事务特别代表。

## 三、加强海洋生态环境治理，强化中国在全球海洋治理体系中的作用

世界许多地方的海洋生态系统正受到威胁，包括过度捕捞和海水养殖、沿海和近海栖息地破坏、塑料垃圾等污染、气候变化的影响以及在建立海洋保护区和生物多样性保护方面力度的不足。中国的沿海和海洋生态系统也面临着这些危机，加之中国是公海资源的重要用户，其远洋船队和海产品进口对世界许多地区的海洋生物资源都会产生影响。

针对海洋生态资源保护，国合会有如下建议。

#### 1. 加强对海洋和沿海生态系统的法律保护

中国应制定新的水产养殖方面的法律，并出台清晰的限制废物排放标准；要求所有养殖场定期报告库存量，并授权有关部门开展例行现场检查。

#### 2. 建立高科技监测系统

支持打击破坏海洋的腐败和非法活动，促进海洋保护、限额捕捞和渔业产出管理。

#### 3. 制定旨在恢复海洋生态系统功能和服务的国家行动计划

该计划应涵盖由农业农村部、生态环境部、自然资源部以及沿海各省级行政区地方管理机构负责的相关行动。

#### 4. 建立关于中国沿海和海洋生态系统健康的国家“海洋生态报告卡”制度

针对海洋污染和沿海栖息地问题，国合会有如下建议：

①构建地表水和海洋综合治理机制

改进对河流和入海口的实时监测，改善地表淡水和海水之间水质标准的衔

接，整合河长制、湖长制与湾长制。

②制定海洋垃圾污染防治国家行动计划

加快研究和应用塑料替代产品，创新废物处理方法。

③发起共同应对海洋塑料污染的国际合作平台

充分利用伙伴关系，联合有关国家和地区应对塑料污染。近期，中国政府和加拿大政府关于应对海洋垃圾和塑料的联合声明正是一项中外合作的典型范例。

④加强对全球关注的新兴海洋环境问题的研究

优先研究课题包括海洋酸化、海洋塑料和微塑料、热点地区缺氧以及其他关乎全球的新兴海洋环境问题。

## 四、推动绿色“一带一路”建设，共建“一带一路”绿色发展国际联盟

“一带一路”倡议重点关注基础设施建设，因此，必须认真考虑项目的长期生态环境影响及其气候影响。为进一步完善项目的选择和设计，“一带一路”倡议应与《巴黎协定》、全球生物多样性目标和联合国2030年可持续发展目标保持一致。为降低项目的环境和社会风险，中国应采纳国际社会认可的环境社会保障措施和信息公开规定，并在项目规划早期引入公众参与。具体建议包括：

### （一）开展独立的可行性研究以及经济、社会和环境影响评价，同时征求当地公众意见

聘请独立的审查和核证专家，并确保信息透明度。建立健全“一带一路”项目绿色仲裁机制。依托向公众开放的“一带一路”生态环保大数据服务平台，广泛实现信息共享。

### （二）加快建设“一带一路”绿色发展国际联盟等合作平台

发起“一带一路”绿色城市倡议，并在海上丝绸之路沿线国家间建立合作伙伴关系网络，促进可持续海洋治理。

### （三）为“一带一路”沿线国家环境部门提供人力、技术和科研能力建设等方面支持

支持绿色投资知识和经验共享平台建设，如全球绿色金融领导力项目和可持续银行网络建设。

### （四）制定负责任的海外投资要求，替代现行的自愿性指南

落实性别主流化，将其作为“一带一路”项目最佳实践的一部分。

### （五）启动绿色“一带一路”基金，评估和展示“一带一路”基础设施可持续投资商业案例

## 五、推进长江经济带绿色发展，推动长江保护立法

“长江经济带”的概念与众不同，代表了中国乃至世界流域管理的重要新途径。对推进长江经济带绿色发展，国合会提出如下建议。

### （一）在战略上，应将环境治理和生态恢复工作重点放在对整个流域健康造成重大影响的特定领域，首要即固体废物污染防控

一是继续努力减少固体废物总量，防治其对河流上游和下游地区直至海洋

造成的水污染；二是制定经济激励措施，鼓励支持固体废弃物的收集和处理；三是促进废物回收利用并降低焚烧比例；四是改进畜禽养殖污染控制措施；五是提高污水处理厂的污水及污泥处置处理能力；六是开展宣传推广活动，提高公众对固体废物处理及循环利用的关注和认知度。

### （二）在立法上，加快长江保护立法，立法要体现对长江流域保护的系统综合性、流域差异性和特殊针对性

一是通过建章立制，明确标准和规划、河湖长制、排污许可、生态补偿、区域限批等国家普适性制度章程如何转化为长江流域的具体要求；二是通过法律限定长江流域相关经济活动；三是通过严格各类违法行为的处罚规定，明确在长江流域违反法律、破坏生态环境需要付出的代价。

### （三）引导多利益相关方参与，科学识别并解决环境污染和生态破坏等对社区居民生产生活造成的负面影响

通过多利益相关方参与，将性别问题纳入良好的环境社会治理实践。通过宣传教育活动提高公众环境意识。

### （四）建立强制性和自愿性机制，确保商业资本积极参与生态环境保护

开发补偿机制是国际上最成功的强制性机制，“按绩效付费”合同机制是在国际上具有广泛应用前景的自愿性机制，政府应积极推动构建相关机制。

### （五）拓展现有的政府项目，为引入商业资本投资开辟融资途径

如设立长江生态基金。

# 六、强化政策、规划、技术等各方面的创新，引领中国绿色城镇化

随着数字时代和绿色时代的到来，未来城镇化的形态和路径亦将发生巨大变化。这些变化可能包括发展模式、空间布局、基础设施、交通物流体系、商业和组织模式、体制和政策等。未来城镇化除技术创新外，更多将涉及思维方式、理论、发展内容和方式、组织模式、商业模式、体制机制和政策等各个方面的创新。国合会就中国绿色城镇化发展提出以下建议。

## （一）改变传统思维

要充分认识到目前数字时代和绿色发展理念对城镇化模式的影响，避免再用传统的城镇化思维进行绿色城镇化。城市的布局和规划要充分发挥市场和社会的关键作用。

## （二）将绿色标准全面融入城乡规划

在制定绿色城镇化规划和相关政策时，一定要对城乡进行统筹考虑，要充分考虑其对乡村经济、生态、文化和社会的影响。鼓励城市人才向乡村流动。有序、有条件地向城市居民放开农村宅基地租赁和使用权。

## （三）推进节能减排和产业升级

以经济可行且影响较大的绿色技术为突破口，通过体制和政策创新，释放节能减排和产业升级潜力。如室内空调节能。

## （四）充分结合地方实际，创新解决问题方法

在绿色城镇化涉及的基础设施建设、交通物流体系、体制和政策等方面，

充分发挥地方的创新精神。例如，在应对暴雨洪涝、海平面上升和风暴潮、热岛效应加剧等挑战时，在适用的情况下，应评估、考虑并使用“基于自然”的方法，如以竹子为材料开展绿色建筑实践。

## 七、协同效应

前述各项议题都是紧密相连的，有针对性地采取几项行动往往可以同时应对两个或两个以上重要领域的挑战，实现协同绿色发展。例如，“自然的气候解决方案”可以同时实现气候和生物多样性目标。高质量地开展植树造林以及投资红树林和沿海湿地、投资流域保护等措施都可以在增强碳固存和优化生物多样性的同时，实现防洪和水土保持等更多生态系统效益。减少过度捕捞、加强水产养殖业管理、恢复沿海和海洋栖息地等行动，不仅可以提高水产品经济价值、修复生态系统功能，还将有助于增加区域生物多样性。另外，中国采取积极措施控制和减少“一带一路”倡议对气候、生物多样性和海洋造成的影响，也将有助于中国进一步巩固其《生物多样性公约》第十五次缔约方大会东道国的引领地位。同时，中国采取政策举措积极控制和减少贸易活动对环境的影响（例如，加强对海外进口棕榈油和大豆生产所在地雨林的保护），可以为其他国家提供重要参考借鉴。

# 第三章

# 中国环境与发展重要政策进展与国合会政策建议影响（2017—2018 年）

2018年，作为跨入新时代的第一年，是极不平凡的一年。2018年，既是改革开放40周年，又是落实党的十九大开局之年，具有重大的历史纪念意义。同时，2018年还是中国政府管理体制机制进行重大调整和深入改革的一年，政府机构改革的力度和深度前所未有。特别是，国家生态环境、自然资源管理体制等发生了重大变化。新组建的生态环境部除了原环境保护部的职责外，还增加了国家发展和改革委的应对气候变化和减排、原国土资源部的监督防治地下水污染、水利部的编制水功能区划、排污口设置管理、流域水环境保护等与环境保护相关的职责。自然资源管理方面，新组建的自然资源部整合了原国土资源部的职责外，还增加了国家发改委的组织编制主体功能区规划，住房和城乡建设部的城乡规划管理，水利部的水资源调查和确权登记管理，原农业部的草原资源调查和确权登记管理，原国家林业局的森林、湿地等资源调查和确权登记管理，国家海洋局，国家测绘地理信息局等职责。整合力度之大，远远超出外界的预期。

2018年，中国召开了历史上最高规格并对生态文明建设产生深远影响的全国生态环境保护大会。本次大会确立了习近平生态文明思想，成为未来中国建设美丽中国的理论指引。大会的召开，不仅极大地坚定了广大环境保护工作者坚守生态文明主战场、持续与污染环境、破坏生态的行为做斗争的勇气，推动实现美丽中国奋斗目标的信心；更是明确了建设美丽中国，实现生态文明是不可动摇的国家战略目标，从而揭开了全面推动绿色转型，建设美丽中国、实现生态文明的历史新篇章。

一年来，中国政府坚持人与自然和谐共生的理念，紧扣新时代中国社会主要矛盾的变化，强化生态环境保护，推动高质量发展，提供更多优质生态产品以满足人民日益增长的美好生活需要；将坚决打好污染防治攻坚战作为决胜全面建成小康社会的三大攻坚战之一，推进建设美丽中国；加快生态文明体制改革、着力解决突出环境问题、加大生态保护力度、改革生态环境监管体制等。紧紧抓住坚决打好污染防治攻坚战为核心目标，积极贯彻落实《打赢蓝天保卫战三年行动计划》，深入实施大气、水、土壤污染防治三大行动计划，全面推进污染防治工作，继续开展严格的环境执法、环保督查，继续推动京津冀等重点地区的大气污染防治工作，推动产业、能源、运输、用地结构调整，强化源头控制，改革和推进绿色发展价格形成机制，大力发展绿色金融，推动节能环保产业做大做强，并推动长江流域、雄安地区生态环境保护工作，取得积极成效。

作为中国政府政策直通车和中国与国际开展环境合作的纽带、桥梁和窗口，第六届国合会改革创新，充分调动国内外智力资源，针对新时代国内环境与发展突出问题，围绕重点领域开展了大量创新性、引领性的政策研究工作，取得了阶段性成果，初步提出具有前瞻性、战略性和预警性的政策建议，继续为推动中国生态文明建设和世界可持续发展贡献智慧和力量。

## 一、习近平生态文明思想成为新时代生态环境保护工作指南

### （一）全国生态环境保护大会基本情况

第八次全国生态环境保护大会于 2018 年 5 月 18—19 日在北京召开，习近平总书记出席会议并发表重要讲话，李克强总理在会上发言，汪洋、王沪宁、赵乐际出席会议。韩正副总理做总结讲话。

除中央领导讲话外，国家发展和改革委员会、财政部、生态环境部、河北省、浙江省、四川省负责人做交流发言。中共中央政治局委员、中央书记处书记，全国人大常委会有关领导同志，国务委员，最高人民法院院长，最高人民检察院检察长，全国政协有关领导同志出席会议。各省区市和计划单列市、新疆生产建设兵团，中央和国家机关有关部门，有关人民团体，有关国有大型企业，军队有关单位负责同志参加会议。

习近平总书记在讲话中强调，生态文明建设是关系中华民族永续发展的根本大计。党的十八大以来，我们开展一系列根本性、开创性、长远性工作，推动生态环境保护发生历史性、转折性、全局性变化。新时代推进生态文明建设，必须坚持好人与自然和谐共生，绿水青山就是金山银山，良好生态环境是最普惠的民生福祉，山水林田湖草是生命共同体，用最严格制度、最严密法治保护生态环境，共谋全球生态文明建设等六大原则。要通过加快构建生态文明体系，确保到 2035 年，生态环境质量实现根本好转，美丽中国目标基本实现。到 21

世纪中叶，物质文明、政治文明、精神文明、社会文明、生态文明全面提升，绿色发展方式和生活方式全面形成，人与自然和谐共生，生态环境领域国家治理体系和治理能力现代化全面实现，建成美丽中国。

李克强总理在讲话中指出，要认真学习领会和贯彻落实习近平总书记重要讲话精神，以习近平新时代中国特色社会主义思想为指导，着力构建生态文明体系，加强制度和法治建设，持之以恒抓紧抓好生态文明建设和生态环境保护，坚决打好污染防治攻坚战。

韩正副总理在总结讲话中指出，要认真学习领会习近平生态文明思想，各地区各部门要狠抓贯彻落实，细化实化政策措施，确保能落地、可操作、见成效。

## （二）本次大会的主要内容

本次会议规格之高，史无前例。除 1 位不在国内的常委外，其他常委悉数出席。同时，大会内容极为丰富，信息量非常大，重点内容包括六个方面：

第一，将生态文明建设的意义提高到一个更高的高度，即从党的十九大报告中的建设生态文明是中华民族永续发展的“千年大计”，上升为“根本大计”。

第二，对党的十八大以来生态文明建设取得的成就给予高度肯定，即用发生历史性、转折性、全局性变化对党的十八大以来的生态文明建设取得的成就提出肯定，但同时还指出中国生态环境依然十分脆弱，生态环境质量持续好转，出现了稳中向好趋势，但成效并不稳固。

第三，对于生态文明建设的现实情况做出三个判断：一是正处于压力叠加、负重前行的关键期；二是已进入提供更多优质生态产品以满足人民日益增长的优美生态环境需要的攻坚期；三是也到了有条件有能力解决生态环境突出问题的窗口期。

第四，对新时代推进生态文明建设提出 6 个原则和 5 点要求。6 个原则包括坚持人与自然和谐共生，绿水青山就是金山银山，良好生态环境是最普惠的民生福祉，山水林田湖草是生命共同体，用最严格制度、最严密法治保护生态环境，共谋全球生态文明建设。5 点要求则是，要加快构建生态文明体系，要全面推动绿色发展，要把解决突出生态环境问题作为民生优先领域，要有效防范生态环境风险，要提高环境治理水平。

第五，强调要加快建立健全5个生态文明体系。一是以生态价值观念为准则的生态文化体系；二是以产业生态化和生态产业化为主体的生态经济体系；三是以改善生态环境质量为核心的目标责任体系；四是以治理体系和治理能力现代化为保障的生态文明制度体系；五是以生态系统良性循环和环境风险有效防控为重点的生态安全体系。

第六，强调必须加强党的领导，地方各级党委和政府主要领导是本行政区域生态环境保护第一责任人。

### （三）习近平生态文明思想指导意义

第八次全国生态环境大会是进入新时代后，加快建设生态文明的一件具有历史意义的大事。这次大会最重要的成果是确立了习近平生态文明思想，同时也从更高的高度、更广的层面和最长远的角度确定了“生态文明”在国家发展和改革全局中的地位。

作为一个系统全面的理论体系，习近平生态文明思想内涵丰富，深刻回答了为什么建设生态文明、建设什么样的生态文明、怎样建设生态文明的重大理论和实践问题，是新时代推动生态文明建设的根本遵循，解决了新时代建设现代化强国的问题。

习近平生态文明思想的确立，将成为建设美丽中国的长期指导思想。而本次具有历史意义的全国生态环境保护大会的召开，则是进入新时代以后，吹响建设生态文明、实现美丽中国梦的进军号角，必将推动中国生态文明建设迈上新台阶。

## 二、环境与发展规划

### （一）谋划2035年的环境与发展规划

针对国合会2017年第一条建议，制订污染防治行动计划15年战略。该建议提出，当前正在推广使用的煤炭清洁利用和天然气发电技术只是绿色转型的暂时选择，应当为煤炭清洁利用的大规模退出制订计划和预算，避免中国被长期使用化石能源的发展路径所锁定。适应性规划应是战略规划的重要组成部分。

根据《能源发展“十三五”规划》，在确保 2020 年实现非化石能源占一次能源消费比重达到 15% 的基础上，在 2020 年左右，积极推动风电和光伏发电平价上网和市场化发展。国家能源局按照党的十九大报告提出的“两个 15 年”的总体安排，提前谋划制定 2035 年、2050 年发展目标和战略，开始编制如何满足两个阶段性目标的能源发展战略纲要，研究能源保障，描绘新时代能源发展的路线图和时间表，着力增强能源供给保障和民生福祉，着力推进能源绿色发展，着力提升发展质量和效率，着力实施创新驱动战略，着力健全体制机制和法规体系，着力推动构建人类命运共同体。初步设想是：

第一步（2020—2035 年），积极推动市场化改革和体制机制创新，推动可再生能源产业规模化发展和技术进步。力争到 2035 年，中国能源需求的增量全部由清洁能源提供，可再生能源发展进入增量替代阶段。

第二步（从 2035 年到 21 世纪中叶），全面构建以可再生能源为主体的现代能源体系，可再生能源对化石能源进入全面存量替代阶段。到 2050 年，可再生能源在一次能源消费中的比重达到 60%，在电力消费中的比重达到 80%，成为能源供应的主体力量，确保中国全面完成能源转型。

同时，有关省市的总体规划节点是 2035 年，例如，北京等城市总体规划是按照 2035 年的时间节点设计。

当然，国合会针对 2035 年目标开展了“2035 环境质量改善目标与路径专题研究”，分析党的十九大报告提出的环境质量改善目标，分析障碍，借鉴国际经验，研究最终实现路径。

## （二）区域性的环境与发展规划陆续出台

针对国合会 2017 年政策建议指出的建设生态文明必须解决决策碎片化问题。如何实现一个区域内相关机构之间的信息共享，统筹安排土地和水资源利用问题，仍需加大努力，保护和恢复生态系统的责任需要进一步明确。长江经济带目前采取的生态保护红线和综合规划的做法就是新时代生态环境保护的一个成功案例。

《长江经济带生态环境保护规划》（简称《规划》）于2017年下半年正式开始实施。《规划》指出，思路要明确，建立硬约束，长江生态环境只能优化、不能恶化。到2020年，生态环境明显改善，生态系统稳定性全面提升，河湖、湿地生态功能基本恢复，生态环境保护体制机制进一步完善。到2030年，干支流生态水量充足，水环境质量和空气质量全面改善，生态系统服务功能显著增强，生态环境更加美好。《规划》提出，划定水资源利用上线、生态保护红线，坚守环境质量底线，全面推进环境污染治理、强化突发环境事件预防应对等，对长江流域做出了全面规划。

为了推动《规划》的贯彻实施，生态环境部开展了"清废行动2018"，专项行动从2018年5月9日开始至6月底结束。生态环境部从全国抽调执法骨干力量组成150个工作组，对长江经济带固体废物倾倒情况进行全面摸排核查，对发现的问题督促地方政府限期整改，对发现的违法行为依法查处，全面公开问题清单和整改进展情况，直至全部整改完成。

"清废行动2018"开始后，各级生态环境保护部门对所涉的环境违法问题依法立案查处，对26家违法企业和7名个人实施高限处罚，并采取查封扣押、停产整治、移送拘留等多种手段予以严厉打击。目前，针对29个问题累计罚款额达260余万元，移送公安部门实施行政拘留2人。例如，针对湖北省天门市宜佳建材有限公司违规倾倒、堆存工业固废问题，天门市环境保护局依法立案查处，责令企业停产整治并处以35万元罚款。

2018年7月25日，生态环境部公布"清废行动2018"第一批部级挂牌督办问题整改情况，涉及29个一般工业固废非法倾倒、堆存问题。其中，湖北省7个、贵州省4个、江苏省4个、云南省3个、上海市3个、四川省2个、安徽省2个、浙江省1个、湖南省1个、江西省1个、重庆市1个。经现场核查，这些问题已经按照生态环境部挂牌督办要求完成了整改。

## （三）绿色城镇发展规划

针对国合会2017年政策建议第三条提出的，推动促进生态文明和绿色发展的综合改革进程。在当前快速城镇化过程中，必须坚持绿色化原则，要考虑城乡一体化和均衡发展，要对生态敏感区进行必要的规划，要提高空间、土壤和废物等资源的利用率等。

2018 年 4 月，《河北雄安新区规划纲要》正式出台，提出构建科学合理的空间布局，打造优美的自然生态环境，完善产业空间布局、发展绿色智慧新城等，高标准建设以绿色发展为特征的雄安新区。

新区规划高度重视生态保护，构建新区生态安全格局。一是规划建设“一淀、三带、九片、多廊”，形成林城相融、林水相依的生态城市。“一淀”即开展白洋淀环境治理和生态修复，恢复“华北之肾”功能；“三带”即建设环淀绿化带、环起步区绿化带、环新区绿化带，优化城淀之间、组团之间和新区与周边区域之间的生态空间结构；“九片”即在城市组团间和重要生态涵养区建设九片大型森林斑块，增强碳汇能力和生物多样性保护功能；“多廊”即沿新区主要河流和交通干线两侧建设多条绿色生态廊道，发挥护蓝、增绿、通风、降尘等作用。二是开展大规模植树造林。采用近自然绿化及多种混交方式，突出乡土树种和地方特色，在新区绿化带及生态廊道建设生态防护林和景观生态林，形成平原林网体系，实现生态空间的互联互通。开展大规模国土绿化行动，将新区森林覆盖率从当前 11% 提高到 40%。塑造高品质城区生态环境。建设城市通风廊道，构造城淀局地气流微循环系统，将白洋淀凉爽空气输送到城市中心。构建由大型郊野生态公园、大型综合公园及社区公园组成的宜人便民公园体系，实现森林环城、湿地入城，3 千米进森林，1 千米进林带，300 米进公园，街道 100% 林荫化，绿化覆盖率达到 50%。三是提升区域生态安全保障。构建衔接“太行山脉—渤海湾”和“京南生态绿楔—拒马河—白洋淀”生态廊道，形成连山通海、南北交融的区域生态安全格局。实施重要生态系统保护和修复工程，优化生态安全屏障体系，提升生态系统质量。

## （四）推动打好污染防治攻坚战

针对国合会 2017 年政策建议指出的，随着大气污染防治行动计划率先进入新阶段，中国应制定一个面向未来 10 ～ 15 年，涵盖水、气、土及海洋污染的综合性长期战略规划。这份总体战略要在 2020 年前完成部署，以契合 2035 年中国基本实现社会主义现代化目标的时间节点。

2018年6月中旬，中共中央、国务院发布《关于全面加强生态环境保护 坚决打好污染防治攻坚战的意见》（简称《意见》）。《意见》指出，到2020年，生态环境质量总体改善，主要污染物排放总量大幅减少，环境风险得到有效管控，生态环境保护水平同全面建成小康社会目标相适应。同时提出，通过加快构建生态文明体系，确保到2035年节约资源和保护生态环境的空间格局、产业结构、生产方式和生活方式总体形成，生态环境质量实现根本好转，美丽中国目标基本实现。到21世纪中叶，生态文明全面提升，实现生态环境领域国家治理体系和治理能力现代化。

《意见》围绕推动形成绿色生产方式和生活方式提出了三个方面的要求，以及具体量化指标。比如在促进经济绿色、低碳、循环发展方面，《意见》特别要求加快城市建成区、重点流域的重污染企业和危险化学品企业搬迁改造，2018年年底前，相关城市政府就此制订专项计划并向社会公开。在推进能源资源节约方面，《意见》要求实施国家节水行动，完善水价形成机制，推进节水型社会和节水型城市建设，到2020年，全国用水总量控制在6700亿米$^3$以内；积极应对气候变化，采取有力措施确保完成2020年控制温室气体排放行动目标等。

国务院于6月27日公布了《打赢蓝天保卫战三年行动计划》（简称《计划》）。《计划》指出，经过3年努力，大幅减少主要大气污染物排放总量，协同减少温室气体排放，进一步明显降低细颗粒物（$PM_{2.5}$）浓度，明显减少重污染天数，明显改善环境空气质量，明显增强人民的蓝天幸福感。到2020年，二氧化硫、氮氧化物排放总量分别比2015年下降15%以上；$PM_{2.5}$未达标地级及以上城市浓度比2015年下降18%以上，地级及以上城市空气质量优良天数比率达到80%，重度及以上污染天数比率比2015年下降25%以上；提前完成“十三五”目标任务的省份，要保持和巩固改善成果；尚未完成的，要确保全面实现“十三五”约束性目标；北京市环境空气质量改善目标应在“十三五”目标基础上进一步提高。重点区域范围包括：京津冀及周边地区、长三角地区、汾渭平原等。

# 三、生态系统和生物多样性保护

## （一）生态红线划定和保护工作取得积极进展

针对国合会 2017 年政策建议指出的，环境与经济关系非常重要，但从长远来看，环境与社会关系将是最重要关系之一。“邻避效应”、自然保护区管理、生态红线、建设项目社会影响评估、气候适应、城市移民以及减贫等议题都与社会发展和环境保护的协调直接相关。

2017 年 2 月，中办、国办印发《关于划定并严守生态保护红线的若干意见》提出，2017 年年底前，京津冀区域、长江经济带沿线各省级行政区划定生态保护红线；2018 年年底前，其他省级行政区划定生态保护红线；2020 年年底前，全面完成全国生态保护红线划定，基本建立生态保护红线制度。

京津冀 3 省级行政区、长江经济带 11 省级行政区和宁夏回族自治区等 15 省级行政区生态保护红线划定方案已经国务院批准，山西等其他 16 个省级行政区划定方案已初步形成。生态环境部、国家发展改革委等部门和相关省份共同努力，采取国家顶层设计指导、地方组织、自上而下和自下而上相结合的方式，在科学评估、部门协调、规划协调、区域协调、陆海统筹的基础上，经专家论证和部际协调领导小组审核，完成了京津冀 3 省（级行政区、长江经济带 11 省级行政区和宁夏回族自治区等 15 个省级行政区生态保护红线划定工作。

启动建设国家生态保护红线监管平台。2017 年 10 月，国家发展改革委正式批复国家生态保护红线监管平台项目，总投资 2.86 亿元，总建筑面积约 1 万米 $^2$，将于 2020 年年底前全面建成。国家生态保护红线监管数据库已完成设计，录入数据 4 类 67 种，数据总量 23.6TB。部分成果在“绿盾 2017”国家级自然保护区监督检查专项行动中得到了查验和运用。

研究制定生态保护红线配套管理政策。出台《生态保护红线划定指南》等指导性文件。研究起草生态保护红线管理办法，明确生态保护红线管控要求、管理原则和监管框架等，目前已形成征求意见稿，即将征求各相关部门和地方政府意见。

此外，为落实地方政府生态保护红线划定并严守生态保护红线的主体责任，对破坏生态保护红线的违法行为，严格追责问责，确保红线划得实、守得住。生态保护红线划定和落实情况将纳入中央环保督查范畴。

## （二）“绿盾 2018”为长江流域生态保护提供有力保障

2018 年 3 月 27 日，生态环境部、自然资源部、水利部、农业农村部、国家林业和草原局、中国科学院和国家海洋局等七部门在北京联合召开视频会，部署“绿盾 2018”自然保护区监督检查专项行动（简称“绿盾 2018”专项行动）。

“绿盾 2018”专项行动具体内容包括：开展“绿盾 2017”专项行动问题整改“回头看”；坚决查处自然保护区内新增违法违规问题，重点检查国家级自然保护区管理责任落实不到位的问题；严格督办自然保护区问题排查整治工作等。

建立健全工作机制，确保专项行动顺利开展。对 469 个国家级自然保护区和 847 个省级自然保护区进行全面排查，摸清底数，建立问题台账，精准解决突出问题，推动地方各级自然保护区提升管理水平，促进自然保护区健康可持续发展。

“绿盾 2017”国家级自然保护区监督检查专项行动，是中国建立自然保护区以来，检查范围最广、查处问题最多、整改力度最大、追责问责最严的一次专项行动。截至 2017 年年底，共调查处理涉及 446 处国家级自然保护区的问题线索 2.08 万个，追责问责 1100 多人。完成问题整改超六成，其余均已建立台账，正在督促整改中。

一是建立长江生态环境保护工作长效机制，坚决遏制破坏长江生态环境的行为。强化监督检查，在国家级和省级自然保护区纳入“绿盾 2018”自然保护区监督检查专项行动范围的基础上，将长江干流和主要支流的市级、县级自然保护区和其他各类各级自然保护地（风景名胜区、森林公园、湿地公园等）纳入监督检查范围，全面深入排查破坏自然保护地生态环境的违法违规行为。

二是重点排查在长江干流和主要支流自然保护地的违法违规侵占自然保护地、建设码头、挖沙采砂、工业开发、矿山开采、捕捞水生野生动物、侵占和损毁湿地、自然保护区核心区缓冲区内旅游开发和水电开发等破坏生态问题，建立详细的问题台账，实行拉条挂账和整改销号制度，全面彻底整改。

三是严肃处理涉及自然保护地的违法违规问题。对相关责任单位和责任人员予以严肃处理，并督促其及时彻底整改和全面修复。对因自然保护地管理责任落实不到位造成生态破坏的，要严肃追究相关地方政府和部门责任。

## （三）生态环保审计倒逼绿色发展

2018 年 6 月 19 日，国家审计署公布长江经济带生态环境保护审计结果。2016—2017 年，在长江经济带生态环境保护方面共投入财政资金 2518.24 亿元。生态环境保护取得一定成效的同时也存在着一些问题：一是在资金使用上，2013 年 12 月—2018 年 1 月，8 个地方政府主管部门及所属单位违规使用生态环境保护相关资金 2580.49 万元；二是在资源开发上，截至 2017 年，8 个省 930 座小水电未经环评即开工建设，过度开发致使 333 条河流出现断流，断流总长 1017 千米；三是在污染治理上，截至 2017 年，9 个省 118 个敏感区域的城镇污水处理厂未达到一级 A 类排放标准。

此次审计是审计署首次对长江经济带进行生态环境保护审计并发布专门的审计报告。审计的重点从单纯的经济角度更多地转向从生态保护、生态修复的角度看问题。根据相关规定，为加强审计监督力度，促进被审计单位对审计决定的落实、整改工作，审计署在发出审计结论之后，将进行回访。对于已经审计查出的问题，审计署已依法出具审计报告，要求有关地方政府在整改期限截止后依法向社会公布整改结果。

从近年来环境保护审计实践来看，环境保护审计仍处于初级阶段，主要局限于对各类资金的管理和使用进行审计，缺乏对环境污染根源、防治措施、制度建立健全等深层次问题进行深入探究。

未来生态环境审计需要从几个方面进行把握：一要把握审查生态环境资金使用与治污成效相结合；二要把握生态环境重点项目建设及监测情况；三要把握部门履行生态环境责任情况；四要把握领导干部在发展“绿色经济”中的直接责任和主管责任；五要把握生态环境资金发挥整体效益情况。

# 四、能源、环境与气候

## （一）能源结构优化调整

《“十三五”规划纲要》提出，要深入推进能源革命，着力推动能源生产利用方式变革，优化能源供给结构，提高能源利用效率，建设清洁低碳、安全高效的现代能源体系。

2018 年能源工作会议首次明确能源安全新战略：推动能源消费、供给、技术和体制革命，全方位加强国际合作，有效利用国际资源，努力实现开放条件下的能源安全。加快推动能源发展质量变革、能源发展效率变革、能源发展动力变革作为工作的着力点，全力推动能源高质量发展。2018 年上半年以来，能源工作取得了重大进展。

一是绿色多元的能源供应体系加快建立。2018 年上半年，水电、核电、风电、太阳能等非化石能源，占全部发电量比重为 25.2%，比去年同期增加 0.3%。国内天然气产能建设稳步推进，例如，成都川西页岩气等项目进展顺利，煤层气开发重大项目建设加快推进。煤炭清洁化利用进程加快，煤制油气产业升级示范稳步推进，特别是“十三五”规划中确定的煤电机组超低排放和节能改造任务有望提前完成。

二是供给侧结构性改革效果持续显现。按照减量置换原则有序发展煤炭优质产能，倒逼无效低质产能加快退出，进一步提高煤炭先进产能比重。晋陕蒙 3 省级行政区煤炭产量合计占全国比重上升到 70%，全国煤矿数量由“十二五”末 1.2 万处减少到 7000 处左右。煤电规划建设时序不断优化，产能增加受到严格控制，煤电落后产能淘汰加快。电力消费结构在不断优化。

三是新旧动能转换加快。从拉动电力增长的角度看，第二产业中的医药、通用设备、汽车、电气机械和器材、计算机 / 通信等装备制造业用电增速均超过或接近 10%。第三产业中的信息传输 / 软件技术等服务业用电同比增长 25.5%，带动新兴产业合计用电同比增长 12.4%，比去年同期提高 2.2%。

四是能源消费新模式新业态加快培育。环保产业、电能替代等领域用电增长已成为全社会用电增长的新动力。

## （二）加强节能和提高能效

为加强重点用能单位节约能源，提高能源利用效率，国家发展改革委、科技部、人民银行、国资委、质量监督检验检疫总局、国家统计局、证监委等7部委联合对《重点用能单位节能管理办法》（简称《办法》）进行了修订，自2018年5月1日起施行。新修订的《办法》共有37条，在原《办法》24条的基础上增加了13条，字数增加至原来的1.5倍，修改力度不小。

修订《办法》的内容包括：

一是建立完善守信联合激励和失信联合惩戒制度，明确由省级以上人民政府管理节能工作的部门对在节能工作中取得显著成绩的重点用能单位或个人，联合有关部门给予守信激励。

二是实行有利于节能的价格政策，鼓励重点用能单位开展电力需求侧管理、合同能源管理、节能自愿承诺等。在水泥行业就有邯郸金隅太行水泥有限责任公司等11家企业在国家发展和改革委刚发布的100家节能自愿承诺用能单位名单之内。

三是对高耗能行业的重点用能单位，结合其能耗指标等情况分别实行差别电价和阶梯电价政策。水泥生产企业生产用电从2016年起已实行基于可比熟料（水泥）综合电耗水平标准的阶梯电价政策。

四是对入围能效"领跑者"名单的重点用能单位，各级管理节能工作的部门会同有关部门优先支持其开展节能技术改造、能源管理信息化建设等能效提升工作，广泛宣传推广先进经验，带动行业能效水平整体提升。住房和城乡建设部2018年在推进建筑能效提升方面，深入开展工作，研究制定建筑能效提升2020年、2035年以及到21世纪中叶的中长期发展路线图。

全国各省级行政区根据各自情况开展节能和能效提升工作。如北京市发展改革委发出《关于创建2018年度能效领跑者的通知》，进一步提升北京市能效水平和节能管理水平，组织开展2018年度能效领跑者创建工作。

又如，能源大省山西在2018年内，单位地区生产总值能耗比2017年下降3.2%，能源消费总量不超过21183万吨标准煤；规模以上单位工业增加值能耗比2017年下降3.9%。实施一批重大节能工程项目。实施重点用能单位"百千万"行动。建立高耗能行业能效领跑者制度。在钢铁、电力、有色、焦化、水泥等重点耗能行业，结合行业实际，制订出台高耗能行业能耗领跑者制度实施方案，树立能效标杆，引导重点用能单位对标先进，促进工业能效水平不断提升。建设重点用能单位能耗在线监测系统，推进重点用能单位能耗在线监测系统建设。

## （三）统筹国家应对和适应气候变化工作

中国积极参与《联合国气候变化框架公约》的谈判，率先提出了应对气候变化自主贡献方案，引导和推动《巴黎协定》《斐济实施动力》等重要成果文件的达成。创新性打造多边部长级磋商平台，与印度、巴西、南非共同建立了“基础四国”部长级磋商协调机制，与发展中国家建立立场相近国家协调机制，与加拿大、欧盟共同发起气候行动部长级会议机制。同时，积极参与公约外谈判磋商，调动发挥多渠道协同效应，进一步树立负责任的大国形象。2018 年已完成《巴黎协定》实施细则谈判，我们要继续发挥积极建设性作用。我们还将积极开展南南合作，支持其他发展中国家应对气候变化。

成立了以国务院总理为组长的国家应对气候变化及节能减排工作领导小组，成员包括二十多个部委的主要负责同志。各省级行政区均成立了相应的应对气候变化领导小组并建立省内部门分工协调机制，形成了国家应对气候变化领导小组统筹协调、应对气候变化主管部门牵头落实、各部门相互配合、上下联动的应对气候变化工作体系。

将碳强度下降等应对气候变化目标纳入“十二五”及“十三五”国民经济和社会发展规划纲要，建立责任制，强化目标分解、落实和考核。开展应对气候变化能力建设和人员培训，不断提升各级相关部门应对气候变化工作水平。成立了国家气候变化专家委员会，不断加强全国应对气候变化支撑队伍建设，不断提高国家和地方支撑机构研究水平和能力，为各层次的政策制定提供了有力支持。

将进一步加强应对气候变化的工作协调和政策协同，抓好地方各级应对气候变化工作队伍建设，继续统筹深化低碳试点，推动适应气候变化工作。当前我们正在研究落实 2030 年目标的实施方案，同时也在研究 21 世纪中叶中国低碳发展战略。

### （四）全国碳市场建设

建立全国碳排放权交易市场是生态文明体制改革的重要任务，是控制温室气体排放的重要政策工具。2017 年 12 月，《全国碳排放权交易市场建设方案（发电行业）》发布实施，以发电行业为突破口率先启动全国碳排放交易体系。据统计，中国发电行业共 1700 余家企业，排放量超过 30 亿吨二氧化碳当量（目前世界最大的欧盟碳市场覆盖排放量约 20 亿吨二氧化碳当量）。

下一步要加强碳市场管理制度建设、基础设施建设和能力建设。推动出台《全国碳排放权交易管理暂行条例》以及配额分配等相关配套制度。加快建设数据报送系统、注册登记系统、交易系统和结算系统。组织面向各类市场主体的能力建设活动。

## 五、污染防治

### （一）大气污染防治

2018 年以来，为确保打赢蓝天保卫战，国务院于 6 月 27 日公布了《打赢蓝天保卫战三年行动计划》，为进一步加强大气污染治理注入强大的力量。同时，生态环境部出台京津冀及周边地区、长三角、汾渭平原等重点区域大气污染防治实施方案，为 2018 年的大气污染防治工作提供有力指导。

6 月 11 日—7 月 8 日，生态环境部对京津冀及周边地区“2+26”城市实施了两轮强化督查。尽管各地在大气污染治理方面成效明显，但仍发现大气环境问题 5204 个。其中，河北曲阳县问题数量最多，北京通州区问题数量排名第二，河北赵县、山西晋城城区第二轮督查发现问题数量明显反弹，河南辉县市污染治理工作不严不实。就河北曲阳县而言，大气环境问题 119 个，28 家企业（单位）的 34 台燃煤小锅炉未按要求淘汰到位；一些企业不运行治污设施或无组织排放问题突出。

2018 年 8 月 7 日，2018—2019 年蓝天保卫战重点区域强化督查工作继续开展，200个督查组按照工作方案要求，对京津冀及周边地区208个县（市、区）进行督查，发现涉气环境问题103个。关于具体督查情况详见表3-1。

**表3-1　2018—2019年蓝天保卫战重点区域强化督查工作情况**

一、检查清单内涉气“散乱污”企业1320家，发现整改不到位问题2家，占比0.2%；新发现清单外涉气“散乱污”企业1家。

督查组检查发现，清单内涉气“散乱污”企业2家，存在整改不到位问题。其中，河北省石家庄市正定县1家；山东省德州市平原县1家。

督查组检查发现，河北省邢台南宫市的王方新家具厂（原河北华中通用家具有限公司）属涉气“散乱污”企业，不在当地清单内。

二、检查清单内应淘汰燃煤锅炉企业403家，发现1台燃煤锅炉未拆除，占比0.2%；发现清单外应淘汰燃煤锅炉5台。

督查组检查发现，河北省廊坊市大城县的华源宾馆1台（1蒸吨以下）清单内应淘汰燃煤锅炉未拆除。

督查组检查发现，清单外应淘汰燃煤锅炉5台。其中，河北省保定涿州市御京州车行1台（0.2蒸吨），沧州市运河区昌盛五金制品有限公司1台（0.1蒸吨以下），邢台市清河县中国石化销售有限公司河北邢台清河第三加油站1台（0.15蒸吨）、清河县通达旅馆1台（0.1蒸吨）、宁晋县东东饭店1台（0.1蒸吨）。

三、工业企业未安装大气污染防治设施问题13个。其中，北京市顺义区1家、门头沟区1家；河北省石家庄市鹿泉区1家、元氏县1家，廊坊市廊坊开发区1家、香河县1家，沧州市新华区1家；山西省太原古交市1家，阳泉市城区1家；河南省开封市祥符区1家，安阳市安阳县1家，焦作市武陟县1家，孟州市1家。

四、工业企业不正常运行大气污染防治设施问题13个。其中，北京市顺义区1家；天津市东丽区2家；河北省廊坊市廊坊开发区1家，保定市博野县1家，沧州市运河区1家，衡水市冀州区1家；山西省晋城高平市1家；河南省郑州市金水区1家、新密市1家，安阳市内黄县1家，鹤壁市城乡一体化示范区2家。

五、VOCs整治不到位问题11个。其中，北京市平谷区1家；河北省石家庄市无极县1家，唐山市芦台经济开发区1家，廊坊市安次区1家，沧州市南皮县1家、泊头市1家，邢台市平乡县2家；河南省郑州市金水区2家，开封市顺河回族区1家。

六、工业粉尘无组织排放问题15个。其中，北京市通州区1家；河北省石家庄市鹿泉区1家、栾城区1家、无极县1家、元氏县1家、行唐县1家，廊坊市广阳区1家，沧州市运河区1家、青县1家、东光县1家、泊头市1家；山西省长治市长治县1家；河南省安阳市内黄县1家，新乡市牧野区1家、长垣县1家。

七、露天矿山未落实减尘抑尘措施问题1个。河北省保定市涞水县的福宝矿业有限公司露天矿山未落实减尘抑尘措施。

八、建筑工地扬尘管理问题26个。其中，北京市顺义区1家、朝阳区1家、门头沟区1家；天津市静海区1家、武清区1家；河北省石家庄市栾城区1家、晋州市1家、辛集市1家，沧州市运河区2家、新华区1家，邢台市桥西区2家、宁晋县1家、南宫市1家、威县1家；山西省太原古交市1家，长治市长治县1家、沁源县1家；山东省聊城市东昌府区1家；河南省郑州市金水区1家、管城回族区1家，安阳林州市1家，新乡市获嘉县2家，濮阳市台前县1家。

九、物料堆场未落实扬尘治理措施问题 15 个。其中，北京市通州区 1 家；河北省石家庄市行唐县 1 家，廊坊三河市 1 家，保定市涞水县 1 家，高碑店市 1 家，邢台市宁晋县 1 家，邯郸市经济技术开发区 1 家；山西省阳泉市郊区 3 家；河南省郑州市中牟县 1 家，鹤壁市经济技术开发区 2 家，新乡市原阳县 1 家，濮阳市濮阳县 1 家。

随着时间的推移，秋冬季节来临，生态环境部研究制定《京津冀及周边地区 2018—2019 年秋冬季大气污染综合治理攻坚行动方案》，并征求各方意见。届时生态环境部将会同各地区和有关部门，稳步推进北方地区清洁取暖，加快淘汰燃煤小锅炉，持续推进散煤污染治理、抓好重点行业提标改造、加快推进机动车污染治理以及强化重点区域联防联控。

另外，先进的科技手段对于大气污染治理提供了有力支撑。生态环境部在 2018 年启动“千里眼计划”，对京津冀及周边地区“2+26”城市全行政区域按照 3 千米 ×3 千米划分网格，利用卫星遥感技术，筛选出 $PM_{2.5}$ 年均浓度较高的 3600 个网格作为热点网格进行重点监管，将及时发现、精准解决大气问题。该计划利用卫星遥感技术，结合气象数据、空气质量监测数据，计算出每个网格上一年度的 $PM_{2.5}$ 平均浓度，剔除气象传输、降水过程、地形阻挡等因素影响，得到其在静稳天气条件下的排放水平，从而完成筛选。生态环境部将对 1 年内连续 3 次被预警或累计 6 次被预警的热点网格，采取公开通报、派驻工作组、公开约谈当地政府负责人等方式，督促地方改善环境。

## （二）水污染防治

2018 年 4 月，中央财经委员会召开第一次会议，研究打好三大攻坚战的思路和举措。会议指出，打好污染防治攻坚战，要明确目标任务，到 2020 年使主要污染物排放总量大幅减少，生态环境质量总体改善。要打几场标志性的重大战役，打赢蓝天保卫战，打好柴油货车污染治理、城市黑臭水体治理、渤海综合治理、长江保护修复、水源地保护、农业农村污染治理攻坚战，确保 3 年时间明显见效。要细化打好污染防治攻坚战的重大举措，尊重规律，坚持底线思维。各级党委、各部门党组（党委）要把污染防治放在各项工作的重要位置，层层抓落实，动员社会各方力量，群防群治。要坚持源头防治，调整“四个结构”，做到“四减四增”。一是要调整产业结构，减少过剩和落后产业，增加新的增长动能；二是要调整能源结构，减少煤炭消费，增加清洁能源使用；三是要调整运输结构，减少公路运输量，增加铁路运输量；四是要调整农业投入结构，减少化肥农药使用量，增加有机肥使用量。要坚持统筹兼顾、系统谋划，体现差别化，体现奖优罚劣，避免影响群众生活。

在五大“水战”中，黑臭水体治理打头阵。生态环境部联合住房和城乡建设部开展黑臭水体专项整治行动，包括全国36个重点城市及其他部分地级市，同时将对广东、广西、海南等首批8个省级行政区开展专项督查，9月、10月启动巡察，若仍对交办问题整改不力，将被纳入中央环保督查问责之列。

近年来，渤海生态环境综合治理日益为公众所关注。长期以来，由于其水体自净能力差，政府大规模填海造地、海洋资源过度开发、海水养殖规模较大等，对渤海生态环境造成较大压力。在本轮机构改革后，海洋环境治理职责已从国家海洋局移至生态环境部。生态环境部将坚持陆海统筹，污染治理与生态保护共同推进，并会同有关部门和省市抓紧制定渤海综合治理攻坚战作战计划，即加大对入海排污口的排查整治力度，全面清理非法、不合理的入海排污口，同时对船舶、港口污染，垃圾转运处理设施建设等进行重点整治。

另外，针对饮用水水源地水体，将列居水污染防治“四种水体”之首。生态环境部联合水利部在全国启动了集中式饮用水水源地环境保护专项行动。确定的阶段目标是：2018年年底前，全部完成长江经济带县级和其他地区地级及以上地表水型水源地清理整治；2019年年底前，全部完成其他地区县级地表水型水源地清理整治。据统计，列入此次专项行动范围的地表水型水源地达2466个，其中长江经济带县级水源地有1161个。从问题类型来看，包括工业企业在内的多种非法排污问题突出。

## （三）土壤污染防治

在土壤污染防治方面，将扎实推进“净土行动”。具体措施主要有：全面实施《土壤污染防治行动计划》（简称“土十条”），强化土壤污染风险管控；深入推进土壤污染状况详查，保障农用地和建设用地安全；加快推进土壤污染综合防治先行区建设和土壤污染治理与修复技术应用试点；强化固体废物污染防治，加快推进垃圾分类处置。

2018 年，生态环境部制定《土壤污染防治行动计划实施情况评估考核规定》，对各省级行政区人民政府《土壤污染防治行动计划》2018—2020 年实施情况的年度评估和中期考核。从 2019 年开始至 2021 年，每年年初对各地上年度《土壤污染防治行动计划》实施情况进行年度评估，评估土壤污染防治重点工作完成情况。

评估考核内容包括土壤污染防治目标完成情况和土壤污染防治重点工作完成情况两个方面。年度评估内容是土壤污染防治重点工作完成情况；终期考核内容是土壤污染防治目标完成情况，兼顾土壤污染防治重点工作完成情况。

土壤污染防治重点工作包括土壤污染状况详查、源头预防、农用地分类管理、建设用地准入管理、试点示范、落实各方责任及公众参与六个方面。土壤污染防治目标包括受污染耕地安全利用率、污染地块安全利用率两个方面。

为指导地方委托第三方开展治理与修复成效评估工作，推动落实《土壤污染防治行动计划》，完成土壤污染治理与修复目标任务，保障农产品质量和人居环境安全，环境保护部（现生态环境部）于 2017 年 12 月印发《土壤污染治理与修复成效技术评估指南（试行）》。该指南为规范第三方进行有关省级行政区人民政府或其相关部门等委托土壤污染治理成效评估发挥了重要指导作用。同时，也为国家对各省级行政区开展土壤污染防治行动的成效进行评估奠定了基础。

## 六、治理与法治

### （一）生态环保体制机制改革

针对国合会 2017 年政策建议第二条指出的，提出了“建立生态文明协同管理制度”。通过协同管理，改善自然保护区、公园、生态红线区以及被认为价值较低的公共土地等地区的生态和其他服务功能。

2018 年 3 月，国家和地方政府机构进行了一次大范围改革，有些领域甚至是根本性的调整，改革力度、深度、广度之大前所未有。环境保护部职能进一步提升和扩大：较为充分地体现了“污染治理与生态监管的统一”。新组建的生态环境部将作为国务院组成部门，将原环境保护部的职责，国家发展和改革委的应对气候变化和减排职责，原国土资源部的监督防治地下水污染职责，水利部的编制水功能区划、排污口设置管理、流域水环境保护职责，原农业部的监督指导农业面源污染治理职责，国家海洋局的海洋环保职责，国务院南水北调工程建设委员会办公室的南水北调工程项目区环保职责进行了整合。

需要指出的是，国家发展和改革委气候司转隶到生态环境部，实际上是将污染减排与温室气体减排、应对气候变化等工作进行协同。应对气候变化涉及能源利用和二氧化碳排放，原不属于污染治理范畴，因为二氧化碳本身不是污染物，它是造成温室气体变化的一种物质。现在把二氧化碳排放也一起并入生态环境部来监管，这就使对排放物的监管更加全面，更利于达到生态文明建设的总体效果。

从国家在节能减排的部级综合协调层面，国务院根据国务院机构设置、人员变动情况和工作需要，决定对国家应对气候变化及节能减排工作领导小组组成单位和人员进行调整。领导小组组长由国务院总理李克强担任，副组长为国务院副总理韩正、国务委员王毅。调整后的成员包括国务院副秘书长丁学东，以及外交部、国家发展和改革委、教育部、科技部、工业和信息化部、民政部、司法部、财政部、自然资源部、生态环境部、住房和城乡建设部、交通运输部、水利部、农业农村部、商务部、文化和旅游部、卫生健康委、人民银行、国资委、税务总局、市场监管总局、统计局、国际发展合作署、国管局、中科院、气象局、能源局、林草局、铁路局、民航局等部门负责同志。国家应对气候变化及节能减排工作领导小组具体工作由生态环境部、国家发展和改革委按职责承担。

## （二）排污许可证

实施控制污染物排放许可制，是生态文明体制改革的重要内容，也是改革和完善固定污染源管理制度的中心工作。自 2016 年国务院印发《控制污染物许可制实施方案》以来，原环境保护部于 2018 年年初发布了《排污许可证暂行办法（暂行）》，即将修订《固定污染源排污许可分类管理名录（2017 年版）》，印发《火电和造纸行业排污许可证申请与核发技术规范》，陆续发布《排污单位自行监测技术指南　总则》及各行业标准，初步搭建起较为完备的法规和技术规范体系，全面支撑排污许可证申请和核发工作。

全国统一的排污许可证管理信息平台已经基本建成并投入运行，火电和造纸两个行业的许可证申请与核发工作全部在信息平台上进行，基本实现了简便、精确、高效的信息化管理模式。

目前，火电和造纸行业排污许可证申请与核发工作已全面启动，各地方环保部门积极部署并组织实施，截至 2018 年 5 月 18 日，全国已有 6073 家企业在全国排污许可证管理信息平台注册，1500 余家企业申领的排污许可证已经进入审核程序，已核发 68 张全国统一编码的排污许可证。

排污许可证核发工作总体有序推进，但部分地区存在思想重视程度不够，压力传导不及时，技术力量有待加强等问题。同时，由于制度衔接任务重，地方仍存在一些困惑，也一定程度上影响了工作进展。

## （三）深入实施环境经济政策

党的十九大报告指出，构建市场导向的绿色技术创新体系，发展绿色金融，壮大节能环保产业、清洁生产产业、清洁能源产业及绿色金融成为中国金融改革的重要方向。

国合会在发展绿色金融的倡议、推动和示范过程中发挥了引领性的作用。2014 年，国合会成立的绿色金融课题组，开创了绿色金融发展的新起点。2016 年 8 月 30 日，中央深改小组会议审议通过的《关于构建绿色金融体系的指导意见》，全面部署了绿色金融的改革方向，并由中国首次倡导将绿色金融纳入 G20 议程。而 2016 年在杭州召开的 G20 会议上，绿色金融作为核心议题之一被纳入议程，掀起了全球研究和发展绿色金融的高潮。该意见特别明确要“逐步建立和完善上市公司和发债企业强制性环境信息披露制度”。

2018 年以来，中国绿色金融呈现全面提速的良好发展态势：一方面，顶层设计和基础性制度安排日趋完善，人民银行等七部门共同发布《关于构建绿色金融体系的指导意见》，统一的绿色项目界定标准、绿色金融标准等各项基础性工作稳步推进。在浙江、广东等 5 省级行政区设立国家级绿色金融改革创新试验区，探索可复制、可推广的经验。另一方面，绿色投融资工具日益丰富，金融生态环境进一步优化，国际合作亮点纷呈。

### 1. 关于绿色责任保险

生态环境部2018年5月7日原则通过《环境污染强制责任保险管理办法》（简称《办法》），在环境高风险领域建立“环境污染强制责任保险制度”，是贯彻落实党的十九大精神的有力措施和具体行动，是建立健全绿色金融体系的必然要求和重要内容。

《办法》的出台是在前期试点实践经验基础上的总结提升，进一步规范健全了环境污染强制责任保险制度，丰富了生态环境保护市场手段，对打好打胜污染防治攻坚战，全面建成小康社会生态环境具有积极意义。

根据有关数据显示，2014年，约有5000家企业投保环境污染责任保险；2015年，环境污染责任保险签单数量1.4万单，签单保费2.8亿元，提供风险保障244.21亿元；2016年，环境污染责任保险保费收入近3亿元，提供风险保障260多亿元；2017年，环境污染责任保险为1.6万余家企业提供风险保障306亿元。《办法》将在立足“大环保”格局基础上，构建并利用好环境污染强制责任保险这项制度，引进市场化专业力量，通过“评估定价”环境风险，实现外部成本内部化，提高环境风险监管、损害赔偿等工作成效。生态环境部将会同有关部门，做好配套机制建设，在强化“事前”预防、“事中”管控、“事后”处置等方面加快出台相应规范，进一步提升针对性和可操作性，确保有关措施落地见效。

### 2. 关于绿色债券

中国人民银行、中国证监会2017年12月27日联合发布的《绿色债券评估认证行为指引（暂行）》，对绿色债券评估认证工作进行了规范；上海证券交易所对绿色公司债券做出最新政策规定；绿色债券市场上颁布了2项优惠政策。

2018年以来，由于财政贴息、税收减免等实质性优惠政策迟迟未落地，绿色债券市场热情有所下降。因此，亟须相关实质性优惠政策落地。此外，从监管动态来看，监管机构也在积极推进绿色债券相关优惠政策。

2018年上半年共发行绿色债券（不包含增发债券及绿色ABS）49只，发行规模5905.60亿元，同比分别增长48.48%和812.91%，绿色债券规模同比大幅度增长主要得益于金融债券发行规模增长较大。绿色债券发行规模同比下降，反映出当前绿色债券市场热情有所下降。节能类项目绿色债券发行量最大，募投项目有工业节能和可持续建筑。钢铁煤炭企业均有绿色债券发行。除金融债券外，广东地区绿色债券发行规模最大。截至 2018 年 6 月 30 日，境内主体在境外发行的绿色债券共 12 只，境外发行绿色债券的主体以银行为主，其余发行主体也均是具有 AAA 级信用资质，且多为绿色产业公司。

### 3. 关于绿色信贷

绿色信贷具有贷款期限长、利息率低、费用减免等优点，是针对绿色项目、支持环境改善的贷款，侧重于为支持可持续发展的基础设施项目提供中长期融资服务。目前国家已逐步出台相关政策来支持绿色信贷的良性发展，通过扩大财政贴息资金规模、成立专业性担保机构等方式，支持绿色贷款快速发展。国家开发银行、金砖国家开发银行、亚洲基础设施投资银行等政策性银行，是绿色信贷的最重要提供方，重点投向环境治理和清洁能源等绿色领域项目。目前国内绿色贷款的财政贴息率多以同期中国人民银行贷款基准利率为限，也有部分贷款是以实际利率为限，但不得超过 3%，可见绿色贷款的融资成本具有明显优势，将成为相关企业青睐的融资方式。

近年来，中国绿色金融市场规模快速增长。据统计，截至 2017 年年末，各类绿色融资总余额近 9 万亿元，其中绿色信贷占比超过 95%，成为推动生态文明建设和绿色发展转型的主力军。据原银监会披露，中国绿色信贷总规模近年来持续稳步增长。国内 21 家主要银行绿色信贷余额从 2013 年年末的 5.20 万亿元增长至 2017 年 6 月末的 8.22 万亿元，年均增速达 13.98%。值得一提的是，绿色信贷不良率仅为 0.37%，远低于同期各项贷款 1.69% 的平均不良率，绿色信贷资产质量优良。

### 4. 关于绿色价格

国家发展和改革委于 2018 年 6 月发布了《关于创新和完善促进绿色发展价格机制的意见》（简称《意见》）。《意见》指出，要充分运用市场化手段，推进生态环境保护市场化进程，不断完善资源环境价格机制，更好发挥价格杠杆引导资源优化配置、实现生态环境成本内部化、促进全社会节约、加快绿色环保产业发展的积极作用，进而激发全社会力量、共同促进绿色发展和生态文明建设。《意见》提出到 2020 年，有利于绿色发展的价格机制、价格政策体系基本形成，促进资源节约和生态环境成本内部化的作用明显增强；到2025年，适应绿色发展要求的价格机制更加完善，并落实到全社会各方面各环节。

《意见》就完善水处理收费政策、健全固体废物处理收费机制、建立有利于节约用水的价格机制、健全促进节能环保的电价机制四大方面，提出了十五条具体性的指导意见，如对企业实施差别化收费机制，鼓励地方根据企业排放污水中主要污染物种类、浓度、环保信用评级等，分类分档制定差别化收费标准，促进企业污水预处理和污染物减排。又如，完善差别化电价政策，全面清理取消对高耗能行业的优待类电价以及其他各种不合理价格优惠政策。严格落实铁合金、电石、烧碱、水泥、钢铁、黄磷、锌冶炼7个行业的差别电价政策，对淘汰类和限制类企业用电（含市场化交易电量）实行更高价格。各地应及时评估差别电价、阶梯电价政策执行效果，可根据实际需要扩大差别电价、阶梯电价执行行业范围，提高加价标准，促进相关行业加大技术改造力度、提高能效水平、加速淘汰落后产能。

### 5. 关于绿色金融项目示范

为更好地推进绿色金融工作的开展，国合会成立了绿色金融示范项目，即"上市公司环境信息披露制度"，旨在通过研究总结国际实施环境信息披露制度的经验，结合中国资本市场的实际情况，提出健全中国上市公司环境信息披露制度的政策建议。

上市公司的环境信息披露工作应当是所有上市公司履行的义务。根据2016年中国人民银行、财政部等七部委《关于构建绿色金融体系的指导意见》的分工方案，将分步骤建立强制性上市公司披露环境信息制度。上市公司环境信息披露制度的完善面临诸多挑战，如部分重点排污单位环境信息披露意愿不强，未按照规定予以披露；证券交易所作为制度的主要执行单位，在督促上市公司披露环境信息的过程中存在指标体系不明确、信息披露缺乏有效性和重要性等问题。随着示范项目的推进，一些制约上市公司环境信息披露的短板或难题将破解，例如，应建立适当的奖惩机制，将信息披露与企业再融资挂钩等，项目示范的成果将为下一步充分实现上市公司环境信息披露奠定制度基础。2018年4月以来，甘肃上峰水泥、山西三维集团、盐城辉丰公司等多家上市公司因严重环境违法问题被处罚，引起了中国证监会和生态环境部对上市公司环境违法问题的高度重视。2018年6月22日，中国证监会发布公告，提出要严肃整治上市公司环保信息披露违法行为。

根据中国证监会的安排，第一步，2017 年年底修订上市公司定期报告内容和格式准则，要求进行自愿披露；第二步，对所有上市公司实现半强制披露要求：强制要求重点排污单位信息披露环境信息，未披露的需做出解释（2018 年 3 月）；第三步，强制要求所有上市公司进行环境信息披露（2020 年 12 月前）。

## （四）司法改革推动生态文明治理

对环保部门而言，机构职能整合形成合力固然重要，但更期待全社会、全方位的环保执法环境改善。如环境立法跟进、健全惩罚机制、环保司法执法力度加强、环保监测水平提高、政府干部政绩考核改变等。

2018 年，司法部门出台了最新的《中华人民共和国民法总则》（简称《民法总则》）。其中第九条提出：民事主体从事民事活动，应当有利于节约资源、保护生态环境。这是《民法总则》中首次关于民事行为要与节约资源和保护生态环境要一致的原则，成为绿色原则。这与党的十九大提出的，要形成绿色生活方式有着密切的呼应关系。

2018 年 6 月 4 日，最高人民法院发布了《关于深入学习贯彻习近平生态文明思想为新时代生态环境保护提供司法服务和保障的意见》（简称《意见》），要求各级法院更好地发挥环境资源审判职能作用，加强生态文明建设司法服务和保障。《意见》指出要探索创新审判执行方式，推动生态环境整体保护、系统修复、区域统筹、综合治理。《意见》强调要着力解决突出生态环境问题，服务保障污染防治和生态安全保护。要助力打好污染防治攻坚战，依法审理大气污染、水污染、土壤污染、固体废物和垃圾处置、噪声与振动污染等相关案件，加大京津冀及周边、长三角、汾渭平原等重点区域的大气污染纠纷案件审理力度，为打赢蓝天保卫战提供坚强司法后盾，加大长江、黄河、鄱阳湖、洞庭湖、太湖等重点水域的水污染纠纷案件审理力度，推动城市黑臭水体治理，切实保障人民群众在蓝天、碧水、净土、宁静良好的生态环境中生活的权利。要依法保护海洋自然资源与生态环境，依法审理污染海洋生态环境、破坏海洋资源等案件。要全面服务美丽乡村建设，贯彻乡村振兴战略要求，依法审理农村自然资源开发利用、农村人居环境综合整治、农业生态产品和服务供给等各类案件，推动农业农村可持续发展，助力生态宜居的美丽乡村建设。要不断提升生物多样性保护水平，依法审理破坏生物多样性的案件，维护物种多样性和生态系统多样性，推动完善生物多样性保护的法律体系。要从严保障生态安全战略布局，严守生态保护红线、环境质量底线、资源利用上线，依法审理涉重点生态功能区域、生态环境敏感脆弱区域案件，注重生态保护修复，构筑生态安全屏障。

# 七、区域和国际参与

## （一）绿色“一带一路”建设

针对国合会2017年政策建议第五条指出的，结合各国环境和发展方面的需求，让中国的绿色发展战略、联合国2030年可持续发展议程、巴黎协定、生物多样性保护、全球荒漠化治理和生态文明理念成为“一带一路”倡议的核心特征。建立一个包括信息共享、公众参与、纠纷仲裁的治理机制。

为推动绿色“一带一路”建设，中国作为倡议发起方，率先开展了大量卓有成效的工作，其中包括信息共享的“一带一路”生态环保大数据服务平台建设，与联合国环境规划署共同筹建“一带一路”绿色发展国际联盟；发布《关于推进绿色“一带一路”建设的指导意见》和《“一带一路”生态环境保护合作规划》；举办“一带一路”生态环保国际高层对话会等主题交流活动；成立“一带一路”环境技术交流和转移中心（深圳）和中国—东盟环保技术和产业合作交流示范基地（宜兴），推动中国相关企业发起《履行企业环境责任，共建绿色“一带一路”》倡议等。同时，随着中国企业越来越多地“走出去”，中国的“绿色方案”也被“随身携带”。中国多个进出口商会针对对外投资建立了社会责任的指标，对企业遵循可持续发展原则进行了指导，中国纺织服装协会就是一个很好的例子。同时，中国还推行了钴矿开发、稀土开发的环保标准，确保矿业活动在国内外的可持续性。

将绿色发展理念融入“一带一路”建设，推动“一带一路”项目在经济和环境上都能带来可持续发展的效果，这些理念和行动为落实2030年可持续发展目标提供了新的动力。目前，已有 15 个联合国机构和中方有关机构签订了与“一带一路”有关的协议。这些协议核心是致力于打造 2030 年可持续发展议程和绿色“一带一路”之间的协同效应。

作为“一带一路”倡议推进的重点，基础设施的互联互通成为绿色“一带一路”建设的优先领域。“一带一路”倡议提出后，中国加强了与沿线国家和地区在公路、铁路、航空、海运、能源和信息基础设施等基建领域的合作。

## （二）主动应对气候变化取得新进展

针对国合会 2017 年政策建议第五条指出，加强全球和区域绿色治理。提出：中国需要着手制定 21 世纪中叶的气候战略，并考虑与其他国家相关战略联系起来。

气候变化是 21 世纪人类面临的重大全球性挑战，积极应对气候变化不仅是中国自身可持续发展的内在要求和建设社会主义现代化强国的重要内容，也是中国参与和引领全球气候治理、推动构建人类命运共同体的责任担当。

中国已把应对气候变化融入国家经济社会发展中长期规划，坚持减缓和适应气候变化并重，通过法律、行政、技术、市场等多种手段全力推进。目前中国可再生能源装机容量占全球总量的 24%，新增装机占全球增量的 42%，是世界节能和利用新能源、可再生能源的第一大国。

2017 年 12 月 19 日，国家发展和改革委组织召开全国碳排放交易体系启动工作电视电话会议，就全面落实《全国碳排放交易市场建设方案（发电行业）》（简称《方案》）任务要求，推动全国碳排放权交易市场建设做动员部署。

《方案》明确，在发电行业（含热电联产）率先启动全国碳排放交易体系，参与主体是发电行业年度排放达到 2.6 万吨二氧化碳当量及以上的企业或者其他经济组织，包括其他行业自备电厂。首批纳入碳交易的企业有 1700 余家，排放总量超过 30 亿吨二氧化碳当量。

《方案》指出，碳市场建设的最终目标是建立起归属清晰、保护严格、流转顺畅、监管有效、公开透明的碳市场，推动企业转型升级，实现控制温室气体排放目标。今后将分“三步走”推进建设工作：基础建设期——用一年左右时间，完成全国统一的数据报送系统、注册登记系统和交易系统建设，开展碳市场管理制度建设；模拟运行期——用一年左右时间，开展发电行业配额模拟交易，全面检验市场各要素环节的有效性和可靠性，强化市场风险预警与防控机制；深化完善期——在发电行业交易主体间开展配额现货交易，在发电行业碳市场稳定运行的前提下，逐步扩大市场覆盖范围，丰富交易品种和交易方式。

## （三）南南合作

针对国合会2017年政策建议指出的，绿色“一带一路”的理念和机制也应该在南南合作领域予以体现。在南南合作、“一带一路”倡议、“金砖+”等框架下，帮助其他发展中国家通过绿色转型加快发展。

作为发展中国家的一员，中国是南南合作的积极倡导者和支持者，始终坚持把自身的利益与广大发展中国家的利益相结合，并为南南合作提供力所能及的帮助。过去60多年来，先后向166个国家提供近4000亿元人民币的援助，为发展中国家培训各类人才1200多万人次；派遣60多万援助人员，其中700多人为他国发展献出了生命。设立了南南合作援助基金、中国气候变化南南合作基金、中国—联合国和平与发展基金，以及南南合作与发展学院、中国国际发展知识中心，开通了南南合作减贫知识分享网站等。

2018年1月，在推动金砖国家合作方面，金砖国家智库合作中方牵头单位——金砖国家智库合作中方理事会举办了中方理事会2018年年会暨万寿论坛。对于促进金砖国家智库交流与合作，增进彼此的了解和互信，发挥了重要桥梁和纽带作用。

2018年9月初，召开了中非合作论坛北京峰会。峰会主题为“合作共赢，携手构建更加紧密的中非命运共同体”。本次大会取得了两项主要成果，一是通过了《关于构建更加紧密的中非命运共同体的北京宣言》，推动中非关系达到更加紧密的命运共同体的新高度。二是通过了《北京行动计划》，确定中非未来三年（2019—2021年），甚至更长一段时间内的合作安排，特别是中国提出要落实“八大行动”。中非合作论坛北京峰会为南南合作明确了新思路。特别是，2018年，新一轮的政府机构改革中，新成立国务院直属机构——国家国际发展合作署，将商务部和外交部对外援助协调等职责整合，包括拟订对外援助战略方针、规划、政策，统筹协调援外重大问题并提出建议，推进援外方式改革，编制对外援助方案和计划，确定对外援助项目并监督评估实施情况等。援外的具体执行工作仍由相关部门按分工承担。国家国际发展合作署的成立，揭开了中国南南合作的新篇章。

随着中国特色社会主义进入新时代，中国与世界的关系正在发生历史性变革。同以往任何时候相比，中国都更有能力、更有信心帮助发展中国家提升国内发展能力、塑造国际发展环境、完善彼此合作机制，为南南合作注入更大的活力、创造更强的动力、提供更佳的路径、开辟更广阔的空间。

## （四）主动参与全球海洋治理

针对国合会2017年政策建议提出的，中国应制定一个国家海洋战略，推动“蓝色经济”朝绿色方向发展。中国蓝色经济具有全球性特征，中国在全球海洋治理的现代化进程中可以发挥重要的作用。国合会2012年政策建议指出，建立“国家海上重大环境事件应急预案体系”，由有关部门共同编制国家海上特、重大环境事件应急预案，作为国家海洋专项应急预案。

2018年2月，国家海洋局印发《全国海洋生态环境保护规划（2017—2020年）》（简称《规划》），系统谋划今后一段时期海洋生态环境保护工作的时间表和路线图，要求各有关部门和单位推进实施《规划》，作为贯彻落实党的十九大精神、深入推进海洋生态文明建设的重要举措，细化任务分工，分解责任目标，明确实施路径，抓好组织保障，确保《规划》确定的各项工作取得实际成效。

《规划》明确了“绿色发展、源头护海”“顺应自然、生态管海”“质量改善、协力净海”“改革创新、依法治海”“广泛动员、聚力兴海”的原则，确立了海洋生态文明制度体系基本完善、海洋生态环境质量稳中向好、海洋经济绿色发展水平有效提升、海洋环境监测和风险防范处置能力显著提升4个方面的目标，提出了近岸海域优良水质面积比例、大陆自然岸线保有率等8项指标。

《规划》提出了“治、用、保、测、控、防”6个方面的工作，即推进海洋环境治理修复，在重点区域开展系统修复和综合治理，推动海洋生态环境质量趋向好转；构建海洋绿色发展格局，加快建立健全绿色低碳循环发展的现代化经济体系；加强海洋生态保护，全面维护海洋生态系统稳定性和海洋生态服务功能，筑牢海洋生态安全屏障；坚持“优化整体布局、强化运行管理、提升整体能力”，推动海洋生态环境监测提能增效；强化陆海污染联防联控，实施流域环境和近岸海域污染综合防治；防控海洋生态环境风险，构建事前防范、事中管控、事后处置的全过程、多层级风险防范体系。

2018 年，国家机构改革后，生态环境部将承接和履行海洋生态环境保护的职能，主要包括负责全国海洋生态环境监管工作，监督陆源污染物排海，负责防治海岸和海洋工程建设项目、海洋油气勘探开发和废气物海洋倾倒对海洋污染损害的生态环境保护工作，组织划定海洋倾倒区。

2018 年 3 月 8 日，国家重大海上溢油应急处置部际联席会议已审议通过《国家重大海上溢油应急处置预案》（简称《预案》）。《预案》明确了国家重大海上溢油应急处置工作程序及国家重大海上溢油事件标准，坚持统一领导、资源共享，统筹协调各方力量，体现政策性、指导性。发生重大海上溢油事故，应急响应启动后，根据《预案》，部际联席会议组织实施国家响应措施，包括：指导现场科学制定溢油应急处置方案，派出工作组指导现场工作；协调成员单位及其他有关力量参加监视监测、污染清除等海上溢油应急处置工作；协调交通运输、医疗卫生救援、通信、应急资金、技术装备、人力资源、决策支持等应急资源保障；统一发布或授权有关单位发布海上溢油相关信息，收集分析舆情，进行宣传报道。通过发挥部际联席会议的应急指挥作用，协调不同部门和单位协同作业，推进应急资源管理井然有序。

## 八、结语

在过去一年里，中国政府取得了新成就，做出了新业绩，在许多方面有了更大的突破。2018 年 5 月的全国生态环境保护大会确立了习近平生态文明思想，强调良好生态环境是最普惠的民生福祉、绿水青山就是金山银山。

中国生态环境管理体制机制实现重大变革，改革力度空前，生态环境保护和监管实现了初步的统一；同时，国务院层面的高层协调机制更加顺畅，朝着更加有利于生态环境统一监管、协调推进的方向发展。中国生态环境保护工作呈现良好的发展势头，并朝着 2035 年的目标积极迈进。

一年以来，国合会提出的诸多政策建议继续得到高度重视，很多建议在政策实践中都得到了不同程度的体现。特别是 2018 年处于三年污染防治攻坚战的起步期和关键期，国家相继出台了多个指导文件，强力推进生态环境保护工作的落实，大气污染防治工作尤为突出。同时，生态环境保护部门职能进一步强化，生态环境监管和治理机制得以理顺，高层协调机制更加顺畅。

目前，各方面工作处于一个相互协调和理顺的过渡时期。中国的生态环境保护工作负重前行，继续推进大气、水和土壤污染防治，出台环境经济政策，推动环保领域公私合作，建立“多元共治”的环境治理体系等。生态文明制度建设和新《环境保护法》的实施都得到了前所未有的推进，为未来的环境政策制定和环境治理完善打下了良好的基础。同时，国际环境合作继续呈现高水平发展，包括中国与周边东南亚国家、中国与非洲国家的生态环境合作等，并在全球关注的问题上，如海洋生态环境保护方面，有新的部署和体制机制调整。

回顾过去一年，中国政府的环境与发展政策，我们可以发现，以“生态文明”建设为核心，以“美丽中国和清洁世界”为目标的体制机制和管理体系正在快速形成，中国生态环境保护工作正在以压倒性的态势助力中国向高质量发展目标转型，中国生态文明建设的顶层设计及“多元共治”的局面已经初步形成。中国的生态文明建设和生态环境保护工作对于联合国可持续发展目标 2030 的实现至关重要，也使中国与世界在推进可持续发展方面建立了更加紧密的联系。

# 附件 3-1

## 过去一年中国环境与发展政策进展与国合会政策建议对照表

| 领域 | 出台时间 | 2017—2018 政策进展 | 国合会以往相关政策建议主要内容 |
|---|---|---|---|
| 生态文明建设顶层设计 | 2017 年 5 月 | 第八次生态环境保护大会提出习近平生态文明建设思想，集中体现为“生态兴则文明兴”的深邃历史观、“人与自然和谐共生”的科学自然观、“绿水青山就是金山银山”的绿色发展观、“良好生态环境是最普惠的民生福祉”的基本民生观、“山水林田湖草是生命共同体”的整体系统观、“实行最严格生态环境保护制度”的严密法治观、“共同建设美丽中国”的全民行动观、“共谋全球生态文明建设之路”的共赢全球观 | 国合会 2017 年政策建议提出，中国建设生态文明的理念和实践对于世界其他国家具有重要的启发意义。在国内，尤为重要的是把可持续发展目标与中国的五年规划结合起来，以可持续发展目标框架为基础，改进政府政策，加大企业与社区参与力度 |
| 环境与发展规划 | 2017 年 7 月 | 《长江经济带生态环境保护规划》（简称《规划》）提出，划定水资源利用上线，划定生态保护红线、坚守环境质量底线，全面推进环境污染治理、强化突发环境事件预防应对等，对长江流域做出了全面规划。如何做好和落实，《规划》提出“创新大保护的生态环保机制政策、推动区域协同联动”的创新举措。让长江流域相关的省市牢固树立生态共同体理念，强化整体性、专业性、协调性区域合作，加快体制机制改革创新步伐，营造有利于生态优先、绿色发展的政策环境，全面提升长江经济带生态环境协同保护水平 | 国合会 2017 年政策建议提出，建设生态文明，必须解决决策碎片化问题。如何实现一个区域内相关机构之间的信息共享，统筹安排土地和水资源利用问题，仍需大量努力，保护和恢复生态系统的责任需要进一步明确 |
|  | 2017 年 12 月 | 着眼 2035 年、2050 年发展目标和战略，国家能源局开始编制如何满足两个阶段性目标的能源发展战略纲要，初步设想是：第一步，2020—2035 年，积极推动市场化改革和体制机制创新，推动可再生能源产业规模化发展和技术进步，推动可再生能源取得相对于化石能源的开发成本优势。力争到 2035 年，中国能源需求的增量全部可由清洁能源提供，可再生能源发展进入增量替代阶段。第二步，2035 年至 21 世纪中叶，全面构建以可再生能源为主体的现代能源体系，可再生能源对化石能源进入全面存量替代的阶段。到 2050 年时，在一次能源消费中的比重达到 60%，在电力消费中的比重达到 80%，成为能源供应的主体力量，确保中国在此之前全面完成能源转型 | 国合会 2017 年政策建议提出，当前正在推广使用的煤炭清洁利用和天然气发电技术只是绿色转型的暂时选择，应当为煤炭清洁利用的大规模退出制订计划和预算，避免中国被长期使用化石能源的发展路径锁定，适应性规划应是战略规划的重要组成部分 |

| 领域 | 出台时间 | 2017—2018 政策进展 | 国合会以往相关政策建议主要内容 |
|---|---|---|---|
| 环境与发展规划 | 2018 年 4 月 | 《河北雄安新区规划纲要》出台，提出构建科学合理的空间布局，打造优美的自然生态环境，完善产业空间布局、发展绿色智慧新城等，建设高标准的绿色发展为特征的雄安新区。规划分别在坚持绿色低碳发展、构建绿色市政基础设施体系、推进生态环境修复、开展环境治理、构建绿色智能交通体系、推广绿色低碳生产和生活方式，建设清洁环保的供热系统。科学利用地热资源，统筹天然气、电力、地热、生物质等能源供给方式，形成多能互补的清洁供热系统。注意各个系统之间的协调发展，坚持以规划纲要为统领、以控制性详细规划为重点、以专项规划为支撑，形成全域覆盖、分层管理、分类指导、多规合一的规划体系。按照把每一寸土地都规划得清清楚楚后再开工建设的要求，结合建设时序，深化细化控制性详细规划、修建性详细规划及各类专项规划，为新区全面建设做好准备 | 国合会 2017 年政策建议提出，推动生态文明和绿色发展综合改革进程。提出，在当前快速城镇化过程中，必须坚持绿色化原则，要考虑城乡一体化和均衡发展，要对生态敏感区进行必要的规划，要提高空间、土壤和废物等资源的利用率等 |
| | 2018 年 6 月 | 《关于全面加强生态环境保护，坚决打好污染防治攻坚战的意见》，提出到 2020 年，生态环境质量总体改善，主要污染物排放总量大幅减少，环境风险得到有效管控，生态环境保护水平同全面建成小康社会目标相适应。同时提出，通过加快构建生态文明体系，确保到 2035 年节约资源和保护生态环境的空间格局、产业结构、生产方式、生活方式总体形成，生态环境质量实现根本好转，美丽中国目标基本实现。到 21 世纪中叶，生态文明全面提升，实现生态环境领域国家治理体系和治理能力现代化 | 国合会 2017 年政策建议提出，随着《大气污染防治行动计划》率先进入新阶段，中国应制定一个面向未来 10 ～ 15 年，涵盖水、气、土及海洋污染的综合性长期战略规划。这份总体战略要在 2020 年前完成部署，以契合 2035 年中国基本实现社会主义现代化目标的时间节点 |
| | | 《打赢蓝天保卫战三年行动计划》指出，经过 3 年努力，大幅减少主要大气污染物排放总量，协同减少温室气体排放，进一步明显降低细颗粒物（$PM_{2.5}$）浓度，明显减少重污染天数，明显改善环境空气质量，明显增强人民的蓝天幸福感。到 2020 年，二氧化硫、氮氧化物排放总量分别比 2015 年下降 15% 以上；$PM_{2.5}$ 未达标地级及以上城市浓度比 2015 年下降 18% 以上，地级及以上城市空气质量优良天数比率达到 80%，重度及以上污染天数比率比 2015 年下降 25% 以上；提前完成“十三五”目标任务的省份，要保持和巩固改善成果；尚未完成的，要确保全面实现“十三五”约束性目标；北京市环境空气质量改善目标应在“十三五”目标基础上进一步提高 | |

| 领域 | 出台时间 | 2017—2018 政策进展 | 国合会以往相关政策建议主要内容 |
|---|---|---|---|
| 生态系统和生物多样性保护 | 2017—2018 年 | 生态红线划定和保护工作取得积极进展。京津冀 3 省级行政区、长江经济带 11 省级行政区和宁夏回族自治区等 15 省级行政区生态保护红线划定方案已经国务院批准，山西等其他 16 省级行政区划定方案已初步形成。启动建设国家生态保护红线监管平台。2017 年 10 月，国家发展和改革委正式批复国家生态保护红线监管平台项目，总投资 2.86 亿元。研究制定生态保护红线配套管理政策。出台《生态保护红线划定指南》等指导性文件。研究起草生态保护红线管理办法，明确生态保护红线管控要求、管理原则和监管框架等，目前已形成征求意见稿，即将征求各相关部门和地方政府意见 | 国合会 2014 年政策建议指出，实施国家生态保护红线制度：将国家生态保护红线体系及相关制度纳入立法；完善陆地和海洋利用空间规划体系，明确规定生态保护红线；建立新的生态保护、监测和执法国家协调机制；完善自然保护地体系；以生态保护红线为基础，完善生态补偿制度和激励机制 |
| | 2018 年 3 月 | “绿盾 2018”自然保护区监督检查专项行动具体包括四个方面：开展“绿盾 2017”专项行动问题整改“回头看”；坚决查处自然保护区内新增违法违规问题；重点检查国家级自然保护区管理责任落实不到位的问题；严格督办自然保护区问题排查整治工作 | |
| | 2018 年 6 月 | 审计署公布长江经济带生态环境保护的审计结果，2016 年和 2017 年，国家在长江经济带的生态环境保护方面共投入了财政资金 2518.24 亿元。生态环境保护取得一定成效的同时，也存在着一些问题。一是资金使用方面，2013 年 12 月—2018 年 1 月，8 个地方政府主管部门及所属单位违规使用生态环境保护相关资金 2580.49 万元。二是资源开发方面，截至 2017 年年底，8 个省 930 座小水电未经环评即开工建设，过度开发致使 333 条河流出现断流，断流总长 1017 千米。三是污染治理方面，截至 2017 年年底，9 个省有 118 座敏感区域的城镇污水处理厂未达到一级 A 排放标准 | |

| 领域 | 出台时间 | 2017—2018 政策进展 | 国合会以往相关政策建议主要内容 |
|---|---|---|---|
| 能源、环境与气候 | 2018 年 | 能源结构优化调整。绿色多元的能源供应体系加快建立。上半年，水电、核电、风电、太阳能方面，占全部发电量比重为25.2%，比 2017 年同期增加 0.3%。煤炭方面，按减量置换原则有序发展煤炭优质产能，倒逼无效低质产能加快退出，进一步提高煤炭先进产能比重。电力方面，消费结构进一步优化。2017 年上半年，第二产业用电比重为 69.2%，比 2017 年同期下降1.8%，其中，四大高耗能行业合计用电比重为 28.5%，比去年同期下降 1.3%；第三产业和居民生活用电比重合计为 29.8%，比去年同期提高 2.6%。第二产业用电对全社会用电增长的贡献率为 56.5%，比去年同期下降 12.2%；第三产业和居民生活用电对全社会用电增长的贡献率合计为 42.4%，比2017 年同期相比提高了 13.0% | 国合会 2017 年政策建议提出，中国的污染减排计划不仅会推动自身实现平稳绿色转型，还将有助于实现《巴黎协定》把全球平均气温升幅控制在 2℃或 1.5℃的目标 |
| | 2018 年 5 月 | 加强节能和提高能效。修订《重点用能单位节能管理办法》与建立完善守信联合激励和失信联合惩戒制度，加快推进社会诚信建设步伐 | |
| | 2018 年 | 统筹国家应对和适应气候变化工作。成立了以国务院总理为组长的国家应对气候变化及节能减排工作领导小组，成员包括 20 多个部委的主要负责同志。各省级行政区均成立了相应的应对气候变化领导小组并建立省内部门分工协调机制，形成了国家应对气候变化领导小组统筹协调、应对气候变化主管部门牵头落实、各部门相互配合、上下联动的应对气候变化工作体系 | |
| | | 全国碳市场建设继续探索。加强碳市场管理制度建设、基础设施建设和能力建设；推动出台《全国碳排放权交易管理暂行条例》以及配额分配等相关配套制度；加快建设数据报送系统、注册登记系统、交易系统和结算系统；组织面向各类市场主体的能力建设活动 | |

| 领域 | 出台时间 | 2017—2018 政策进展 | 国合会以往相关政策建议主要内容 |
|---|---|---|---|
| 污染防治 | 2018 年 | 大气污染防治。生态环境部对京津冀及周边地区“2+26”城市实施了两轮强化督查。尽管各地在大气污染治理方面成效明显，但仍发现大气环境问题 5204 个 | 国合会 2013 年政策建议指出，在实施大气行动计划过程中，中央政府应重点监督和协调好地方政府全面落实行动措施的情况，加大考核问责力度 |
| | | 水污染防治。生态环境部联合住房城乡建设部开展黑臭水体专项整治行动，启动巡查，若仍对交办问题整改不力，将被纳入中央环保督查问责之列。饮用水水源地水体将列居水污染防治“四种水体”之首。生态环境部联合水利部已在全国启动了集中式饮用水水源地环境保护专项行动 | 国合会 2015 年政策建议指出，建立国家重大宏观战略环境风险评估与预防制度，针对“一带一路”、京津冀一体化、长江经济带等宏观战略开展环境风险评估，形成环境风险预防机制。《关于加强长江黄金水道环境污染防控治理的指导意见的通知》，将修复长江生态环境摆在压倒性位置，以改善水环境质量为核心，强化空间管控，优化产业结构，加强源头治理，注重风险防范，全面推进长江水污染防治和生态保护与修复 |
| | | 土壤污染防治。生态环境部全面推进《土壤污染防治行动计划》，制定《土壤污染防治行动计划实施情况评估考核规定》，对各省级行政区人民政府《土壤污染防治行动计划》2018—2020 年实施情况的年度评估和中期考核 | 无论是推动生态文明建设，还是建立绿色和谐环境与社会发展关系，中国政府必须下更大力气解决好影响公众健康和生活的突出问题，包括大气污染、水污染、土壤污染、生态服务功能下降等 |

| 领域 | 出台时间 | 2017—2018 政策进展 | 国合会以往相关政策建议主要内容 |
|---|---|---|---|
| 治理和法治 | 2018 年 3 月 | 新组建的生态环境部将作为国务院组成部门，将环境保护部的职责，国家发展和改革委的应对气候变化和减排职责，国土资源部的监督防止地下水污染职责，水利部的编制水功能区划、排污口设置管理、流域水环境保护职责，农业部的监督指导农业面源污染治理职责，国家海洋局的海洋环保职责，国务院南水北调工程建设委员会办公室的南水北调工程项目区环保职责整合 | 国合会 2017 年政策建议第二条，提出了“建立生态文明协同管理制度”。<br>国合会 2013 年政策建议提出，加快生态环境保护管理体制改革进程，建立统一监管所有污染物、所有排放源、所有环境介质、所有生态系统的环境管理体制 |
| | 2018 年初 | 环境保护部于 2018 年年初发布《排污许可证暂行办法（暂行）》，即将修订《固定污染源排污许可分类管理名录（2017 年版）》，印发《火电和造纸行业排污许可证申请与核发技术规范》，陆续发布《排污单位自行监测技术指南　总则》及各行业标准，初步搭建起较为完备的法规和技术规范体系，全面支撑排污许可证申请和核发工作。全国统一的排污许可证管理信息平台已经基本建成并投入运行，火电和造纸两个行业的许可证申请与核发工作全部在信息平台上进行，基本实现了简便、精确、高效的信息化管理模式 | 国合会 2015 年政策建议指出，制定《排污许可法》，整合排污许可制度同环境标准、环境监测、环评、“三同时”验收、排污申报、总量控制、环保设施监管等制度的关系，提高排污许可制度的法律地位，发挥排污许可制度在环境管理中的核心和基础作用 |
| | 2018 年 5 月 | 生态环境部 2018 年 5 月 7 日原则通过《环境污染强制责任保险管理办法》，在环境高风险领域建立“环境污染强制责任保险制度” | 国合会 2015 年政策建议提出，推动绿色信贷、绿色债券和绿色保险。用创新手段推动绿色信贷，大力发展绿色债券、绿色保险市场。在环境高风险领域实行强制性环境责任保险制度。支持鼓励金融机构和企业发行绿色债券 |
| | 2018 年上半年 | 中国人民银行、中国证监会联合发布指引，对绿色债券评估认证工作进行规范 | |
| | 2018 年 6 月 | 中国证监会发布公告，提出要严肃整治上市公司环保信息披露违法行为。将继续保持对重大环境污染信息披露违法行为的执法高压态势，依法全面从严实施行政处罚，督促上市公司切实履行好生态环境保护义务，引导其践行企业社会责任，努力打好资本市场污染防治攻坚战和生态文明建设持久战 | |

| 领域 | 出台时间 | 2017—2018 政策进展 | 国合会以往相关政策建议主要内容 |
|---|---|---|---|
| 治理和法治 | 2018 年 6 月 | 国家发展和改革委于 2018 年 6 月发布了《关于创新和完善促进绿色发展价格机制的意见》（简称《意见》）。《意见》指出，面对新时代生态文明建设和生态环境保护的新形势、新要求，要充分运用市场化手段，推进生态环境保护市场化进程，不断完善资源环境价格机制，更好发挥价格杠杆引导资源优化配置、实现生态环境成本内部化、促进全社会节约、加快绿色环保产业发展的积极作用，进而激发全社会力量、共同促进绿色发展和生态文明建设。《意见》提出目标：到 2020 年，有利于绿色发展的价格机制、价格政策体系基本形成，促进资源节约和生态环境成本内部化的作用明显增强；到 2025 年，适应绿色发展要求的价格机制更加完善，并落实到全社会各方面各环节 | 国合会 2015 年政策建议指出，改革重要资源性产品的价格机制，以煤炭、石油等化石能源为改革切入点，将环境成本纳入价格机制。制定绿色财税政策，将生产和消费领域所产生的环境成本显性化，创建有序竞争的绿色产业发展市场环境，大力发展节能环保产业 |
| | 2018 年 | 2018 年，司法部门出台了最新的《中华人民共和国民法总则》。其中，基本规定第九条提出：民事主体从事民事活动，应当有利于节约资源、保护生态环境。这是《中华人民共和国民法总则》中首次关于民事行为要与节约资源和保护生态环境要一致的原则，成为绿色原则。这与十九大提出的，要形成绿色生活方式有着密切的呼应关系。<br>2018 年 6 月 4 日，最高人民法院发布了《关于深入学习贯彻习近平生态文明思想 为新时代生态环境保护提供司法服务和保障的意见》，要求各级法院更好发挥环境资源审判职能作用，加强生态文明建设司法服务和保障 | 国合会 2014 年政策建议指出，完善环境与健康相关制度。将环境污染健康风险评估纳入环境政策、标准的制定过程中。健全环境公益诉讼制度，强化生态环境损害赔偿和责任追究，强化司法机关追究环境违法行为的责任和能力 |

| 领域 | 出台时间 | 2017—2018政策进展 | 国合会以往相关政策建议主要内容 |
|---|---|---|---|
| 区域和国际参与 | 2018年 | 将绿色发展理念融入"一带一路"建设，推动"一带一路"项目在经济上和环境上都能带来可持续发展的效果，这些理念和行动为落实2030年可持续发展目标提供了新的动力。目前，已有15个联合国机构和中方有关机构签订了与"一带一路"有关的协议。这些协议核心是致力于打造2030年可持续发展议程和绿色"一带一路"之间的协同效应 | 国合会2017年政策建议第五条指出，结合各国环境和发展方面的需求，让中国的绿色发展战略、联合国2030年可持续发展议程、巴黎气候协定、生物多样性保护、全球荒漠化治理和生态文明理念成为"一带一路"倡议的核心特征。建立一个包括信息共享、公众参与、纠纷仲裁的治理机制 |
| | | 进入2018年以来，碳市场的工作重心已由试点示范转向共同建设全国统一市场。碳交易试点地区要通过继续深化试点工作，进一步完善试点碳市场制度设计，总结梳理试点经验，在保持试点碳市场稳定运行的基础上，在条件成熟后逐步向全国市场进行过渡 | 国合会2017年政策建议第五条指出，加强全球和区域绿色治理。并提出，中国需要着手制定21世纪中叶的气候战略，考虑与其他国家相关战略联系起来 |
| | 2018年3月 | 新成立国务院直属机构——国家国际发展合作署，将商务部对外援助工作有关职责、外交部对外援助协调等职责整合。主要职责包括拟订对外援助战略方针、规划、政策，统筹协调援外重大问题并提出建议，推进援外方式改革，编制对外援助方案和计划，确定对外援助项目并监督评估实施情况等。援外的具体执行工作仍由相关部门按分工承担。国家国际发展合作署的成立，揭开了中国南南合作的新篇章 | 国合会政策建议2017指出，绿色"一带一路"的理念和机制也应该在南南合作领域予以体现。在南南合作、"一带一路"倡议、"金砖+"等框架下，帮助其他发展中国家通过绿色转型加快发展 |
| | 2018年9月 | 中非合作论坛北京峰会，一是通过了《关于构建更加紧密的中非命运共同体的北京宣言》，中非关系由过去的全面战略合作伙伴关系进一步提升，携手共建紧密的命运共同体；二是通过了《北京行动计划》，《北京行动计划》涵盖2019—2021年为时3年的计划，这个计划具体体现了中非将在未来3年，甚至更长一段时间内具体的合作内容，特别是中方提出的"八大行动"的具体落实。"八大行动"涵盖了很丰富的内容，使中非合作在现有基础上更上一层楼，达到更高的战略层面。中非合作论坛北京峰会为南南合作提供了新思路 | |

| 领域 | 出台时间 | 2017—2018 政策进展 | 国合会以往相关政策建议主要内容 |
| --- | --- | --- | --- |
| 区域和国际参与 | 2018 年 2 月 | 国家海洋局印发《全国海洋生态环境保护规划(2017—2020 年)》(简称《规划》)，系统谋划今后一段时期海洋生态环境保护工作的时间表和路线图，要求各有关部门和单位将推进实施《规划》作为贯彻落实党的十九大精神、深入推进海洋生态文明建设的重要举措，细化任务分工，分解责任目标，明确实施路径，抓好组织保障，确保《规划》确定的各项工作取得实际成效 | 国合会 2017 年政策建议提出，中国应制定一个国家海洋战略，推动“蓝色经济”朝绿色方向发展。中国蓝色经济具有全球性特征，中国在全球海洋治理的现代化进程中可以发挥重要的作用。<br>国合会 2012 年政策建议指出，建立“国家海上重大环境事件应急预案体系”，由有关部门共同编制国家海上特、重大环境事件应急预案，作为国家海洋专项应急预案 |
| | 2018 年 3 月 | 《国家重大海上溢油应急处置预案》（简称《预案》）已经国家重大海上溢油应急处置部际联席会议审议通过印发。《预案》建立健全了国家重大海上溢油应急处置工作程序，明确了国家重大海上溢油事件标准，坚持统一领导、资源共享，统筹协调各方力量，体现政策性、指导性。发生重大海上溢油事故应急响应启动后，根据《预案》，部际联席会议组织实施国家响应措施，包括：指导现场指挥部科学制订溢油应急处置方案，派出工作组指导现场工作；协调成员单位及其他有关力量参加监视监测、污染清除等海上溢油应急处置工作；协调交通运输、医疗卫生救援、通信、应急资金、技术装备、人力资源、决策支持等应急资源保障；统一发布或授权有关单位发布海上溢油相关信息，收集分析舆情，进行宣传报道。通过发挥部际联席会议的应急指挥作用，协调不同部门和单位的协同作业，推进应急资源管理井然有序 | |

# 第四章

## 创新与生态文明
## 中国与世界的“绿色新时代”

——中国环境与发展国际合作委员会 2018 年关注问题报告

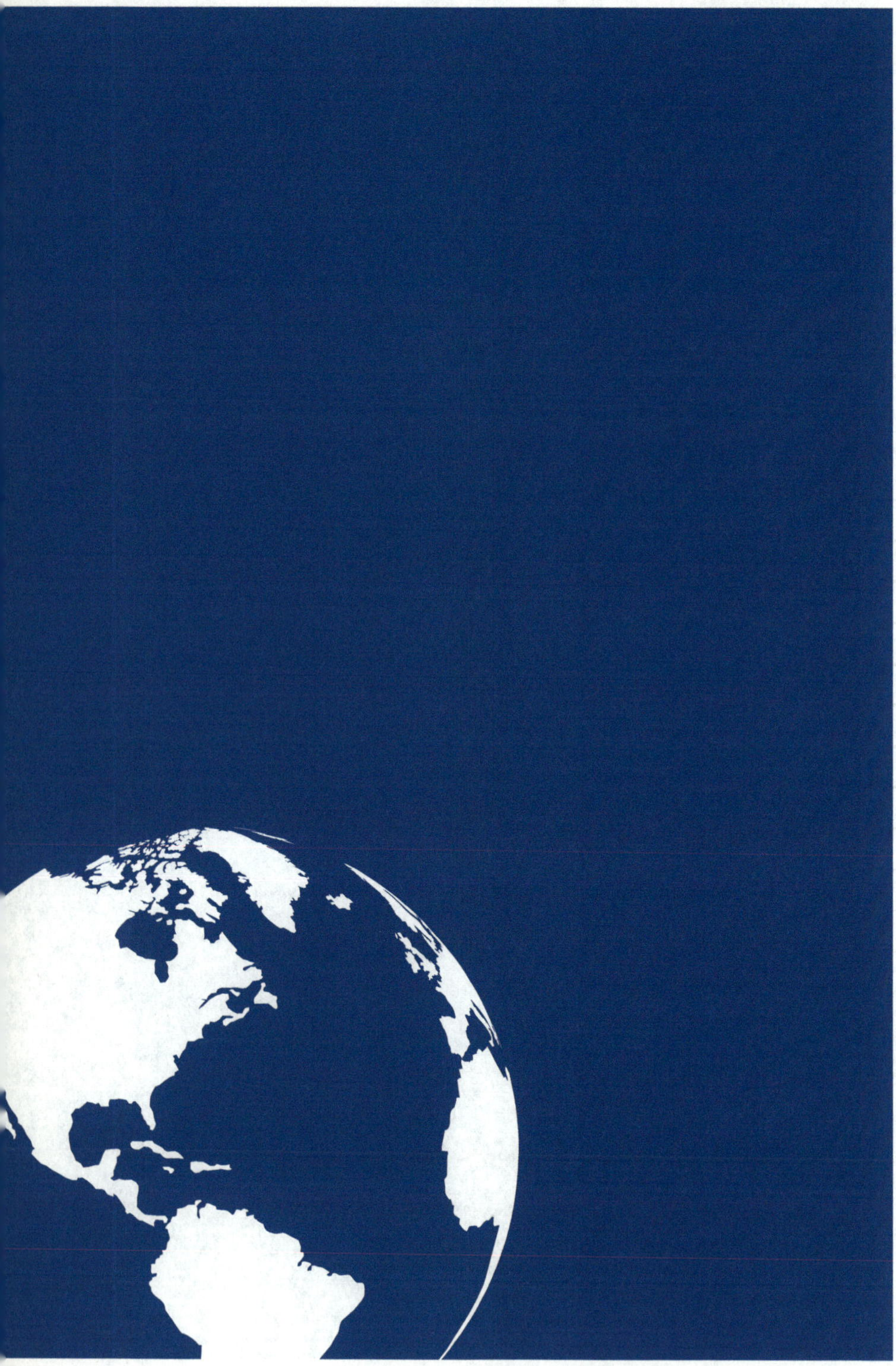

# 一、导言

1970 年，阿尔文·托夫勒（Alvin Toffler）出版了《未来的冲击》一书。该书描述了以不断变化和对未来的恐惧为特征的后工业化、信息化的社会①。《未来的冲击》写在全球化萌芽之初，当时发达经济体拥有全新的通信技术，近乎无限制的流动性，布雷顿森林体系机构的创新也为贸易和投资全球化奠定了基础。随着时间的推移，经济全球化不断扩大，惠及了许多发展中国家，一些国家实现了减贫，包括中国在内的一些国家实现了经济的迅速增长。

2007—2008 年的全球金融危机标志着经济高速增长的减缓②。经济危机暴露了许多全球治理问题，造成了人们对经济全球化以及财富创造和分配不均的广泛担忧。这种担忧表现为拒绝“精英”的专家意见，尤其是在后工业化社会中那些感到被“抛弃”的人。今天，我们看到逆全球化在一些国家兴起，并呼吁进行重大的体制变革，包括偏离许多在过去 40 ～ 50 年塑造了社会和经济进步的国际经济协定。这对美国、巴西、委内瑞拉、英国和其他一些欧盟成员国以及非洲部分地区的国家产生了冲击。

与 20 世纪 70 年代全球化萌芽同期发端的是环境与发展成为全球关注的主要问题。从 1972 年斯德哥尔摩人类环境会议到 2015 年通过联合国 2030 年可持续发展议程及 2015 年气候变化《巴黎协定》，全球和国家层面对环境问题的关注一直在不断加强，因此带来了技术创新、法规政策和融资机制的完善，以及越来越多的企业、社会和公众的广泛参与。虽然全球做了积极努力，但是目前看来，对地球生态系统和环境保护的威胁还在加剧③。

当前，由于人口增长、发达国家人均消费增加和极端贫困等多种因素，世界上很多地方的环境质量正面临相当大的威胁。一种新的压力是逆全球化的兴起，如美国和其他一些国家。这种压力有时影响了科学、经济全球化和政府干预（如绿色税收）。

环境与发展关系转型的必要性是无可否认的。我们清楚地知道转型的需求以及采取成功措施的紧迫性。实际上，通过创新，有许多经济增长机会可以通

① ALVIN TOFFLER. Future Shock. Bantam Books, 1984: 576.
② MARTIN WOLF. The Shifts and the Shocks. Penguin, 2015: 528.
③ 最近的警告来自 IPCC 2018 年 10 月的报告，指出除非将全球温升控制在 1.5°C 以下，否则地球的生态系统将面临更加困难的局面 https://www.ipcc.ch/pdf/session48/pr_181008_P48_spm_en.pdf.

过绿色发展来获得。不过，未来的道路充满未知因素，不会一帆风顺。

现在正是开创“绿色新时代”的大好时机——将环境与发展问题紧密结合并使之成为主流。通过与联合国环境、经济和社会相关机构合作，实现联合国2030年可持续发展以及全球环境公约目标，我们将致力在全球范围内推进“绿色新时代”。

近年来，中国正在积极推进生态文明建设的理论和实践，将政治、经济、文化、社会和生态文明五个方面有机地联系起来。欧盟在其成员国的支持下也做出了积极的努力[①]。然而，这些并不能保证成功，即使达到了目标，要想确保未来生态和环境的安全，还需要采取更多的行动[②]，未来的10年至关重要。我们判断，到2030年，如果这些目标未能实现，则之后将更加难以实现，特别是在水资源利用、绿色城镇化、生物多样性保护、气候变化减缓和适应，以及可持续海洋利用等方面。

## 二、中国的“新时代”[③]

中国已经宣布进入了“新时代”。这是一个划时代的重大转变，为未来发展设定了重要的目标：2020年实现小康社会；2035年基本实现社会主义现代化；2050年建成一个富强民主文明和谐美丽的社会主义现代化强国。这个新时代着重要解决的是“人民日益增长的美好生活需要和不平衡不充分的发展之间的矛盾”。虽然这些重点主要集中在中国国内行动上，以期让中国人民可以追求更美好的生活，但也有很多行动涉及全球层面的“新时代”。中国表示准备在推动全球治理方面发挥更大作用。

“人类命运共同体”这一概念将中国与世界联系在了一起，中国承诺在全球治理的改革和发展过程中发挥作用。中国正在推进绿色“一带一路”倡议，

① 例如，制定了欧盟2050低碳经济路线图；2050环境行动计划展望：创新、循环经济和可持续性。https://ec.europa.eu/info/energy-climate-change-environment/overall-targets/2050-targets_en.

② PBL Netherlands environmental assessment agency. The worldwide context of China's green transition to 2050. PBL Publication 2982. 2017: 58. https://www.pbl.nl/sites/default/files/cms/publicaties/pbl-2017-the-worldwide-context-of-chinas-green-transition-to-2050_2982.pdf.

③ 关于这部分的综述参见欧盟对外关系协会2017年12月15日关于中国的分析：China's “New Era” with Xi Jinping Characteristics. 第16页 . https://www.ecfr.eu/page/-/ECFR240_China_Analysis_Party_Congress_Ideology_2.pdf.

坚定支持气候变化《巴黎协定》，致力于实现中国 2030 年可持续发展目标，2020 年主办“生物多样性公约”第十五届缔约方大会（大会将制定 2020—2030 年生物多样性目标），并愿意在国际上发挥重要作用。简言之，就是在全球环境治理中发挥更加积极的作用。中国正在增加对自身发展模式及其创新能力的更大信心，以实现经济和社会发展目标。这种信心将更有助于向其他国家分享中国的成功经验。

中国的“新时代”一词出自 2017 年 10 月举行的中国共产党第十九次全国代表大会报告。2018 年 3 月召开的全国人民代表大会政府报告中又重点阐述。这主要是基于中国政府过去五年取得的成绩，以及中国共产党和政府做出的未来发展规划。“新时代”标志着中国将逐步成为国际治理体系重要的参与者。

2017 年和 2018 年中国“新时代”环境与发展的最重要变革就是机构改革。改革的目的是使中国的资源和环境决策更加高效，还包括国际发展体系改革、绿色信贷指引、环境税的实施以及其他立法改革。针对那些不遵守环境法规或涉及腐败行为的环保督查、巡查已变得更加严格，针对企业也是如此。污染防治攻坚战也被列为政府行动的三大优先任务之一①。

中国成功地实现其“新时代”愿景，其成就将不仅对中国而且对许多其他国家，特别是一些发展中国家都具有非常积极的意义。全球环境质量也将得到改善。国际社会在一定程度上期望中国可以在气候变化、荒漠化防治和生物多样性保护方面发挥重要作用。就海洋而言，中国是世界渔业和水产养殖、航运、港口发展、蓝色经济和生物多样性（包括迁徙物种保护）、濒危物种贸易管制以及国际废物运输管理的重要参与者。中国在海洋科学和技术研究（包括北极和南极安全）等方面开展了大量的工作，可以成为海洋利用监测的主要贡献者。这些例子表明中国可以支持全球可持续发展。在此过程中，中国甚至有机会获得各国对生态文明道路的广泛支持。

① 关于对中国在环境领域的全面回顾，请见《2017—2018 中国环境与发展政策进展及国合会政策建议的影响》。此类报告每年准备一次，并在国合会年会上分发。

# 三、全球的绿色新时代

全球环境与发展的绿色新时代格局是什么？21世纪的20年代是否会成为实现全球环境改善的10年？《巴黎协定》和联合国可持续发展目标等重要目标是否会无法实现？如果没有足够的外部压力，全球企业是否会放松他们对环境质量改善的承诺？世界各地背负压力的城市能否跟上低碳和其他绿色目标的步伐，并且同时仍能保证快速的城市化速度？

## （一）环境风险

环境风险正在日益上升，并且与其他风险相互作用，这些风险可能会影响社会稳定、提高疾病发生率并产生许多不利后果。重要的是，即使环境问题成为更重要的风险因素，其潜在和实际影响往往会因为自身利益的原因而被淡化。此外，还存在某种程度的无奈——例如，世界各地森林火灾发生频率和强度的增加被视为气候变化的“新常态”。然而，这些认识可能会产生误导作用，因为它让人们误以为环境影响维持在一个稳定状态，而实际上情况可能会随着时间的推移变得越来越糟。[①]

显然，全球范围内更好的环境风险管理是“新时代”的一个重要组成部分。生态安全、污染控制和环境监测是保持地球处于九个关键“地球环境边界”（即酸性海洋、臭氧消耗、淡水、生物多样性、氮磷循环、土地利用、气候变化、化学污染、气溶胶超载）内的必要条件。世界经济论坛及其他人士指出，气候变化风险成为影响经济和其他利益的主要潜在风险之一。由于洪水等“自然灾害”的理赔水平不断提高，气候变化已成为能否投保的一个重要考虑因素。国际再保险业很可能将成为改善气候变化行为的重要推动力量，特别是对于环境保护和其他涉及融资的行动计划而言。如果任何行业的企业被拒绝投保，就会影响企业应对气候变化行为。未来可能影响社会、生态系统和经济的冲击。在某种程度上，这种努力正在全世界范围内进行着。

① SHAWN MCCARTHY.A summer of fire, heat and flood puts a focus on adapting to climate change. https://www.theglobeandmail.com/politics/article-a-summer-of-fire-heat-and-flood-puts-a-focus-on-adapting-to-climate/.

然而，正如为世界经济论坛准备的《2017 年全球风险报告》所述：

“全球合作形势不容乐观。国内焦虑加剧了地缘战略竞争。发达经济体希望加强边境管制，而气候变化改革则在不确定的阴云笼罩下徘徊，贸易协定正在崩溃”①。

## （二）“前进和后退”

不幸的是，我们越来越明显地看到，未来可能影响全球绿色化进程的一些冲击也许会受到意识形态、政治或一些无端的理由所影响，而不是基于大量科学证据而采取相应行动。这种情况在气候变化、生物多样性以及贸易和投资方面的声明和行动中已经变得非常明显。而对于生物多样性保护来说，国际上的成功在很大程度上取决于国家行动的质量。至于贸易和投资领域，即使是世贸组织似乎也在一定程度上受到了威胁。

目前，国际上有“前进和后退”两种力量。大部分的环境推动力来自发达国家和发展中国家的非政府组织，以及在国际谈判中发挥重要作用的组织和研究机构。自 2012 年里约 +20 地球峰会、联合国 2030 年可持续发展议程以及 2015 年《巴黎协议》后续行动谈判以来，人们一直乐观地看到通向快速发展的大门正在打开。即使出现了美国退出《巴黎协定》以及其他各种令人失望的行为（例如，在贸易和投资协议的绿色化方面行动有限），我们仍然有希望从现在到 2020 年实现加速发展，届时再针对实际情况进行进一步的评估。

## （三）中国和全球的绿色新时代

在这个全球动荡的时期，中国的新时代和生态文明将会产生怎样的影响？通过历史的经验，动荡的时期总是蕴含着机遇。首先，要坚持走创新的道路；其次，要坚定地致力于环境改善和绿色发展投资的前瞻性议程；最后，要加强参与全球绿色治理。通过推进绿色“一带一路”、南南合作以及增大亚投行等国际金融机构的绿色投资，中国与发展中国家在环境和发展问题上的合作能力将得到加强。如果能够将这些努力与 2030 年可持续发展议程的进展联系起来，各国广泛积极参与，这将极大地推动全球生态文明的建设和可持续发展。

① Global Risks Report 2017. http://reports.weforum.org/global-risks-2017/.

中国可以成为推动绿色发展的重要力量。随着时间的推移，通过推动绿色发展，将会增加国际竞争优势。几十年前，德国制定瓶子回收利用标准，提升了国际竞争力。20世纪90年代，丹麦推动风力发电也是一个成功案例。中国正在大力推动电动汽车、电池技术研究开发，还在推进低碳城市建设。中国可以在粮食生产、循环经济、航运和其他交通方式中创新绿色发展实践，以及推进生态旅游、水资源保护以及大型、小型企业的绿色工业实践等。

中国推动新时代绿色全球行动的最大潜在资源是其庞大的人口——目前为14亿，约占世界总人口的18.5%。从出口驱动转向国内消费导向型经济，为未来经济增长与有害环境的消费方式脱钩提供了许多机会。近年来，中国的生态足迹显著增长。然而，按人均计算，今天中国的生态足迹仍然远低于一些发达国家，特别是北美。对于如何通过激励措施有效地将消费模式转向更环保、低碳和循环经济的道路来说，未来的5～10年将是决定性时期。特别是食品消费，因为中国越来越依赖进口来满足对肉类和鱼类不断增长的需求。中国消费者将清洁环境标准与高品质“纯净”食品等同起来看待。这些都是绿色供应链和标准变得非常重要的例子。

随着中国生态文明建设的推进，国内和对外贸易与投资将受到诸多影响。生产标准的制定和经认证的中介机构可以帮助公司确保市场安全。销售绿色技术、提供绿色融资渠道的企业和IT机构都可以从中受益。无论是中国还是其他国家都想通过绿色发展创造就业机会。生态文明转型需要证明自己能够比其他发展模式（如化石燃料行业）创造更多的就业机会，以便向更广泛的受众普及这种“中国制造”的范式。

中国可以通过采取措施至少推动部分2030年可持续发展目标的提前实现。这种做法曾确保了千年发展目标的全球实现。通过在前期阶段快速发展，中国不仅可以提高目标达成的可行性，还有助于推动其他国家实现目标。我们知道，即使2030年可持续发展目标能在2030年完全达成，也仍不足以确保全球可持续的未来。如果大国能够尽快加速转型的步伐，那么就可以为未来赢得时间。

然而，我们当然不能指望中国在国内或代表国际社会承担过重的负担。在这个问题上，中国历来态度非常明确。这一点与全球绿色治理所需的各种改革有关。必须找到办法来改善国际协定的执行情况，确保一旦协议商定，它们在执行方面能具有高度的确定性，在实施过程中提高效率。在2018年6月的国合会布鲁塞尔圆桌会议上，我们分析了气候变化、生物多样性和海洋等主要全球环境公约间的各种协同作用。现在正该充分利用这些协同作用来扩大成果，这也是中国可以在国内行动乃至在全球范围内倡导的一个主题。

中国可以在国际环境与发展领域发挥更大作用，可以作为 7 国集团和 77 国集团之间的中间人。通过树立榜样，通过战略性地分配资源和不断增长的科学技术和专业知识，并通过牵头建立各种联盟来改善全球绿色治理，中国可以很好地充当这个角色。在当前日益动荡的世界中，中国作为一个适应能力很强的国家从众多国家中脱颖而出。在需要多元治理模型以便在解决问题时提供灵活性和包容性时，具备这些品质非常重要。

## 四、可持续未来的创新、战略和行动

总而言之，2018 年下半年发生的一系列事件将整个世界推向了一个即将发生重大变化的边缘，这些重大变化包括：生态危机由地方向全球蔓延、重要多边协议的瓦解、贸易战、各国内部矛盾（如：移民接纳度、基本生活保障政策收紧等），以及不少国家中央和地方政府意见不一致所带来的问题。人口趋势包括一些地区出现的人口老龄化问题，世界一些地区出现的极端贫困和相对贫困，或者财富极度集中及环境不可持续的问题。城市化水平的提升，数字时代新技术的迅速发展带来了前所未有的挑战和机遇，包括人工智能、生物技术和纳米技术。

毫无疑问，转变和未来的冲击是恐惧的根源。此外，很多人也被一种反乌托邦的情绪所笼罩，因为他们看到了工作、传统和社会价值的丧失，而且在某些情况下政府的腐败和管理不善达到了完全不可接受的程度。然而，在世界许多地方也存在着一种兴奋和希望。这种希望不仅存在于一些在商业或专业领域的成功人士之中，也存在于那些可能仍然过着普通日子但现在却有机会实现更好生活的人们中间。这些机会包括教育机会、医疗保健以及能够为他们自己的未来发声的机会。

绿色创新①往往被视为使我们的社会尊重自然，迈向更加美好的时代，实现更大繁荣的灵丹妙药。然而，正如我们从以往的经验中认识到的，创新必须伴随着深入人心、有益于环境的价值体系。虽然这样的体系已经初步建立，但还不够强大，特别是在面对着眼于解决短期问题的政治决策以及根深蒂固的特殊利益团体时。中国之所以成为绿色创新的重要参与者，就是因为中国努力通过生态文明来建立以生态保护为基础的价值体系，并且具备针对长期愿景采取行动的手段。通过共享创新技术、改善绿色融资以及加快绿色发展步伐的管理技能提升等渠道，中国有可能给其他发展中国家提供帮助。

实现更好的全球自然和人类发展目标（例如，联合国可持续发展目标和目前在国家层面设定的目标）需要理想主义和实用主义的有力结合。战略上高瞻远瞩，行动上宁早勿晚、全力以赴是当前面临的挑战，因为如果不这样做，就会对 21 世纪后半叶乃至长期发展前景造成不良的影响。

通过强调生态文明建设和对新时代做出承诺，中国的发展充满动力。其表现在加强环境法规和监管执法、机构改革，包括组建新的自然资源部和生态环境部以及许多其他行动方面。非常令人鼓舞的是，生态环境保护的“向污染宣战”工作正在得到高度重视。同样显而易见的是，中国人民继续把清洁、安全的环境看作是生活质量提高的关键要素。我们有理由确信，尽管面临诸多挑战，但中国很可能通过其自身的努力实现从临界点到转折点的转变，最终实现国家环境质量和生态安全目标。

在全球范围内，中国有望推动合作共赢，并致力于推进世界上许多被忽视或面临困难地区的发展。中国已明确表示不会以牺牲环境为代价来追求经济发展。外界对中国是否能够做到这一点还存在一些担心。这将是评价未来 10 年里“一带一路”和南南合作等行动是否取得成功的最重要因素之一。

国合会在制定第六届国合会（2017—2021 年）研究计划时综合考虑了关注中国国内问题与国际问题之间的平衡。显然，现在几乎所有的研究活动都要求两者兼而有之。两者的关系受到贸易和投资政策的影响，包括南南合作和“一带一路”倡议、中国日益增长的生态足迹、国际环境协议下的义务以及与全球

① 相关例子参见经济合作与发展组织（OECD）的相关报告：创新与绿色增长（英）, http://www.oecd.org/innovation/inno/fosteringinnovationforgreengrowth.htm；潜在消费者导向的创新（英）, https://interestingengineering.com/21-sustainability-innovations-and-initiatives-that-might-just-change-the-world；Danielle Sinnett, et al. Handbook on Green Infrastructure: Planning, Design, and Implementation,. Edward Elgar Publishing, 2015: 474；生物多样性保护（英）, http://www.trustforconservationinnovation.org/sponsored/.

气候变化和海洋可持续性相关的跨界影响。同样，在过去 10 年中，中国的环境与发展研究能力也得到了极大的提升。与此同时，问题也变得更加复杂，因此需要综合的政策解决方案。这些因素也都会影响区域和全球层面的行动。

下面列举的几个问题有助于确定国合会当前和未来政策研究工作的优先事项，以及针对全球绿色新时代挑战和机遇的政策建议。

（1）如何在尊重地球环境边界[①]前提下重新定义全球化，并在全球范围内改善生态系统服务[②]？所需的创新将需要成立新的联盟和各个国家能力的持续提升。这将考验我们跨越政治意识形态鸿沟和为公众（无论贫富、长幼和男女）创造广泛参与机会的能力。然而，绿色就业机会的创造、共享经济和其他社会相关的行动是否会带来新的挑战也需要引起关注？

（2）在持续推进全球、区域、国家和地方可持续发展的同时，如何缓解错综复杂的环境、社会、经济和政治冲击？生态文明等新方式能否真正缓解冲击，或者开辟新路径避免受到冲击？

（3）土地、水资源和海洋利用、人类居住区、生物多样性和生态系统服务的协同作用和综合规划如何能加速实现关键的 2030 年可持续发展目标和其他重要目标，并使行动更具成本效益？这个主题已经广为讨论，例如，关于气候变化、生物多样性保护与全球公约之间的联系，但是在行动上却乏善可陈[③]。

（4）数字经济如何更有效地为应对可持续生产和消费发展中的诸多挑战做出贡献？将区块链技术应用于 2030 年可持续发展目标、绿色供应链、循环经济和可持续资源利用等领域的创新就是数字化应用的例证[④]，而第四次工业革命的概念则是另一个例子[⑤]。谷歌、亚马孙、微信、阿里巴巴等大规模数据库无疑会引导消费者行为向可持续发展转变。

---

① 九个地球环境边界中有四个已经被超出：“四个边界是：气候变化、生态圈完整性的丧失、陆地系统改变以及生物化学循环的改变（磷和氮）。气候变化、生态圈完整性被科学家称为核心边界。任何一个的重大变化都将驱动地球进入一个新形态”。https://www.stockholmresilience.org/research/research-news/2015-01-15-planetary-boundaries---an-update.html.

② 中国现在是世界上试图确定其生态系统服务重要性并通过生态红线和生态补偿来保护生态系统的主要国家之一。相关实例参见：Yang Bai et al. Developing China’s Ecological Redline Policy using ecosystem services assessments for land use planning,https://www.nature.com/articles/s41467-018-05306-1.

③ 国合会于 2018 年 6 月与欧盟委员会共同举办了圆桌会议，具体内容参见《全球治理与生态文明圆桌会议谈话纪要》《圆桌会议总结报告》和讨论文件《协同作用以改善全球环境和发展协定的绩效》。

④Blockchain & Sustainability.2018-08-11. https://blockchainhub.net/blog/blog/blockchain-sustainability-programming-a-sustainable-world/.

⑤Understand the Impact of the Fourth Industrial Revolution on Society and Individuals. https://trailhead.salesforce.com/en/modules/impacts-of-the-fourth-industrial-revolution/units/understand-the-impact-of-the-fourth-industrial-revolution-on-society-and-individuals.

（5）中国如何在改善全球环境与环境治理方面发挥更大甚至引领作用？国合会布鲁塞尔圆桌会议[①]的与会者认同以下几个重要措施：一是以身作则。制定有效的国内流程和政策规范，设定更加宏伟的国家目标。这将有助于为环境治理建立新的全球规范。事实上，在发展绿色金融以及制定国内气候目标时（《联合国气候变化框架公约》下的国家自主贡献），中国已经在一定程度做到了这一点。二是提供资源。为中国正在开展的气候变化和南南合作活动提供资金支持。其他提供资源的方式还包括能力建设、政策经验分享和绿色技术共享。三是构建联盟。构建在寻求推动国际政治议程方面志同道合的国家俱乐部，并树立良好的榜样。这些俱乐部可以基于不同的政策议题，例如，从贸易角度就环境问题达成协议，形成文化和教育交流计划等。中国的“一带一路”倡议为建立这种联系进而构建支持环境全球治理的联盟提供了良机。四是提升知识。通过增强可持续发展和生态文明所需的知识基础来发挥引领作用。一些具有特别重要意义的领域包括分享关于发展影响的知识，特别是海洋开发的新模式、海洋和陆地生态系统的共同管理以及构建和改进生态服务的持续努力。

## 五、第六届国合会政策研究战略

国合会通过在四个课题组下设置专题政策研究的形式开展研究工作。目前正在开展的有 8 个专题政策研究，其中课题组一和课题组二各包含三个，课题组三和课题组四各有一个（将来还要开展更多的专题研究）。课题组和具体专题的选择针对的是国内外热点问题。下面列出了各个专题的标题以及每个课题组的简短描述。这些课题和专题在接下来的一年里还有待进一步阐述和完善。

### （一）全球治理和生态文明课题组

目标：国际治理协议之间的协同作用

特别关注三个专题和联合国 2030 年可持续发展目标。协同作用应有助于

① 国合会于 2018 年 6 月与欧盟委员会共同举办了圆桌会议，具体内容参见《全球治理与生态文明圆桌会议谈话纪要》《圆桌会议总结报告》和讨论文件《协同作用以改善全球环境和发展协定的绩效》。

更快、更全面地实现全球、区域和国家目标，实现协同效益，并在生态系统和社会层面提供更大的适应力。

专题政策研究一：全球气候治理与中国贡献

专题政策研究二：2020 后全球生物多样性保护

专题政策研究三：全球海洋治理与生态文明

## （二）绿色城镇化和环境质量改善课题组

目标：综合绿色区域发展

实现综合的绿色区域发展虽然很困难，但对于 2035 年实现美丽中国和基本生态文明目标和转型来说至关重要。这包括绿色城镇化、相关的乡村振兴，以及生态健康的经济。长江经济带是一个非常重要的案例，甚至可能是中国最重要的案例之一。

专题政策研究一：区域协同发展与绿色城镇化战略路径

专题政策研究二：长江经济带生态补偿与绿色发展体制改革

专题政策研究三：2035 环境质量改善目标与路径研究

## （三）创新、可持续生产和消费课题组

目标：将绿色发展原则广泛、一致地贯穿于所有部门活动是生态文明的基础

但是，消费者或生产者尚未充分理解或尚未采取一致措施。随着中国人均收入的增加，国家的生态足迹将日益增大，但消费者没有足够的信息或机会来做出绿色消费选择。绿色供应链（国内和国际）将有助于改变人们的行为方式。鉴于大规模的投资和巨大的潜在市场，中国的创新绿色技术最终可能会领先于世界其他地方。

专题政策研究一：绿色转型与可持续社会治理

## （四）绿色能源、投资和贸易课题组

目标：中国在国内外的金融投资必须始终以可持续发展为导向

绿色能源是一个非常重要元素。国际贸易协定，无论是多边还是双边协议，

都应与2030年可持续发展目标保持一致，并充分考虑环境因素。中国的投资和贸易活动大多涉及77国集团成员，因此需要特别关注绿色“一带一路”倡议，包括分享中国的环境治理经验。

专题政策研究一：绿色“一带一路”和2030年可持续发展目标

在开展专题研究时，国合会将重点关注根本性、具体性问题，研究这些问题的互动，以便快速推进绿色、可持续发展和生态文明建设。

根本性问题是指许多领域和政策措施中的交叉性、跨领域问题，其中包括绿色金融需求、制度问题、法治以及性别主流化等社会问题。具体问题包括适用绿色技术开发、海洋微塑料污染防治等问题的政策制定。互动是指通过系统性方法解决问题带来的附加值，例如，绿色工业园区循环经济带来的协同效益。

从战略上看，这意味着国合会的工作可以在三个层面体现出更大的价值。第一个层面，各个专题政策研究成果；第二个层面，各个专题政策研究成果之间的互动和外溢性，例如，气候变化与海洋问题的协同效应；第三个层面，复杂性、系统性绿色发展问题的研究能力，如长江经济带、雄安新区，以及大湾区（广州—香港—深圳—澳门和珠江三角洲及其周边地区）的新型城乡关系。

这些研究旨在为中国和其他国家在可持续发展和生态文明建设过程中所面临的问题提供解决方案。这对课题组中外组长和专题政策研究组长来说是个挑战。我们希望国合会委员和特邀顾问也能提供专业知识，为2018年年会主题论坛和圆桌会议建言献策。

## 六、关注问题：2020—2035目标

2020年，中国将庆祝其取得的成就，即消除贫困，实现小康社会，并将展示环境改善的成果。2035年，中国将建成富强民主文明和谐美丽的社会主义现代化强国。但是，前进的道路将会困难重重。中国和许多其他国家必须制定目标。现在不是谨小慎微或者阻挠推进绿色发展进程的时候。中国绿色转型的时间窗口只有15年，即三个五年计划的时间，而基于可持续发展目标和气候变化目标等重要的全球变革的时间窗口甚至可能更短。下面提到的问题对于一个造福

地球和全人类的绿色新时代来说至关重要，这些问题与国合会当前及未来开展的研究工作有关。关于下面问题的观点着重针对中国的现状、需求和机会。

## （一）1.5℃的挑战和机遇

联合国政府间气候变化专门委员会（IPCC）最近关于气候变化引发灾难性的报告可以说是直言不讳。归结为一点，就是全世界应尽可能更多、更快地减少碳排放污染[①]。如果我们不能在未来 10 年扭转全球变暖曲线的上升趋势，我们的未来将会黯然无光。我们必须瞄准将升温控制在 1.5℃之内这一目标。过去几年各国付出了巨大努力，但距离这一目标还有差距。因此，现在是率先行动、树立榜样的大好时机。

中国政府的机构改革有助于加速环境与发展进程。例如，通过“向污染宣战”可以实现更多的协同效益。一旦绿色技术被广泛采用，更多机会就会随之涌现。中国很可能成为电动汽车的主要制造国，并可能成为低碳经济方面的引领者。这需要更强有力的激励措施，企业也都应做出承诺。世界各地的城市都表现出对抑制全球变暖的兴趣，事实上，如果他们不采取措施，就会很容易受到气候变化的影响。中国还有很多城市基础设施有待开发，因此中国在应对气候变化方面具有巨大的优势。绿色城市规划必须发挥更大的作用。中国可以与其他发展中国家分享经验，转让技术，并在特定情况下为其提供资金支持，建立更强有力的合作伙伴关系，因为没有一个国家可以独自取得成功。

## （二）“给自然留出空间”

全世界生物多样性和生态服务功能丧失趋势仍在继续。尽管很多国家都制订了行动计划，但似乎仍无法阻止这一趋势，使这个问题与减缓气候变化具有同样的紧迫性。在短期和长期经济利益面前，大自然被置于次要地位。现在需要大规模的生态修复和生物多样性保护工作，但是规模到底应该多大，是一个重要的问题。

一些权威数据表明，我们需要留出足够的空间来满足大自然的需求，同时

①There's one key takeaway from last week's IPCC report. https://www.theguardian.com/environment/climate-consensus-97-per-cent/2018/oct/15/theres-one-key-takeaway-from-last-weeks-ipcc-report.

满足人类的物质需求[1]。整个地球都应该在尊重自然、人与自然和谐相处的前提下得到保护。这种观点也适用于城市森林和城市湿地建设，或者三维海洋空间（其中大部分生物存在于深海或大陆之间的强大洋流中，如鲸鱼和北方蓝鳍金枪鱼等鱼类）。

目前，中国接近一半的地区受到保护，自然保护区面积占国土面积的 15% 以上，海洋保护区数量众多，还有大量通过生态功能区划和生态红线制度加以保护的土地和水域。这在很大程度上取决于如何定义，例如，中国部分 3 个月禁渔期的海域是否属于保护区？答案也许是。重要的是，中国在建设生态文明过程中正在深入开展自然保护工作，到 2020 年，中国将实施国家公园体制的第一阶段任务，对 12000 个自然保护区的状况进行监督检查。

通过主办 2020 年全球生物多样性公约缔约方大会（COP15），中国有机会帮助确定未来 10 年的行动议程，这可能是影响未来地球生态最有利的时机。

## （三）蓝色海洋经济

中国在蓝色经济中的利益覆盖了从南极到北极所有的范围，也涉及所有海事部门。中国探索海洋的能力包括深海探测技术、卫星遥感技术。在中国的经济特区和沿海地区，存在着过度开发和颠倒优先次序的问题。渤海和黄海等区域需要更加关注综合可持续利用管理。借助现代技术，中国有望在新一代海运、近岸海水养殖、海上能源生产和海洋生物技术等方面发挥重要作用。

一些中国学者估计，到 2050 年，蓝色经济可以达到 GDP 的 30%（目前约为 10%）[2]。为了在可持续发展前提下实现这一目标，中国需要更加宏伟的绿色发展战略，尤其是要解决从河流进入海洋的塑料污染（包括微塑料）问题。海洋可持续治理很复杂，涉及众多国际机构，是中国深度参与全球治理的重要领域之一。

① E.O. WILSON. Half-Earth: Our Planet's Fight for Life. Liveright Publishing Corporation. 2017. http://books.wwnorton.com/books/Half-Earth/

② TABITHA GRACE MALLORY. Preparing for the Ocean Century: China's Changing Political Institutions for Ocean Governance and Maritime Development. Issues & Studies，2015, 51(2): 111-138. https://www.researchgate.net/publication/303804064_Preparing_for_the_Ocean_Century_China%27s_Changing_Political_Institutions_for_Ocean_Governance_and_Maritime_Development

## （四）零污染城市战略[①]

虽然零污染看似难以实现，但是它必须成为“向污染宣战”工作的终极目标。例如，用电动车替代燃油车、使用热泵或其他可再生能源，包括风能、太阳能以及来自湖泊和水库的冷却水等；通过减少原材料和能源使用以及工业废物综合利用，可以提高资源利用效率，促进循环经济和低碳经济发展。

最近联合国环境规划署的一份报告[②]建议加强国际行动，解决污染问题。报告中的五个关键信息是：通过政治领导和伙伴关系，形成反污染全球共识；制定优先污染物的环境治理政策；开发提升资源效率和改变生活方式的综合性创新方法；调动金融和投资力量推动污染控制机制的创新；倡导公众和企业减少污染足迹。显然，中国的战略与支持新生计、提升生活质量和健康水平的目标是高度一致的。

## （五）流域和沿海地区的综合管理

目前，可以利用新的制度机制和各种技术工具来实施精细化的规划和管理战略。虽然流域委员会和现有其他机构可能对此很有帮助，但就中国而言，这些机构还不具有足够的影响力，也缺乏有效的问责机制（与莱茵河委员会或其他一些机构相比）。中国新实施的河长制、湖长制以及湾长制将环境管理问责制落实到了地方层面。通过无人机的应用以及其他环境监测的遥感手段，中国在减少农业化学品使用和水资源利用、非点源污染的监测以及沿岸土地用途非法变更的监控方面已经取得了相当大的进展。最终应当实现对每一亩土地的生态服务、最佳可持续利用和生态补偿等需求进行评估。任何包含可持续性革命的做法都必将带来大量的社会、经济和生态环境方面的红利。

长江经济带正在进行的以自然为导向的资源利用和生态恢复转型，将受益于从高山到海洋的全域生态管理方法，这种方法涵盖了所有类型的生态系统，并考虑这些生态系统与水资源利用之间的联系。希望在这个庞大而复杂的系统中所取得的综合管理经验，可以应用到中国其他地区，以及对边界水域的管理当中。

---

①http://www.resourcepanel.org/sites/default/files/documents/document/media/irp_china_case_study_policy_briefs_ramaswami.pdf.

② Report of the Executive Director. 2017-10-15. Towards a Pollution-free planet. UNEP/EA.3/25http://web.unep.org/environmentassembly/report-executive-director.

## （六）从环境保护到2035年实现社会主义现代化强国

近年来，在全球和中国，许多机构和他们的工作方式与新时代的要求越来越脱节，大家都有目共睹。即使有时，原来的知识对重大改革有所贡献，但是这些知识已经变得没那么重要，因为有些知识已经过时。随着市场转向商品快速消费，人们甚至在商品未达到使用寿命时就已经将其更新换代。这些趋势出现在个人、家庭、国家乃至全球的各个层面。因此，情况可能会变得很糟糕，特别是当治理水平跟不上形势要求的时候。在这方面有很多例子，一个是碳税，尽管其在概念上是合理的，但是实施起来困难重重；一个是对环境风险的看法，涉及个人决策的风险评估等级往往要比政府决策的风险评估等级低得多；另一个例子则是众所周知的邻避现象。

那么今天的我们，又能对未来15年做出怎样的承诺呢？人们还会像今天一样沉迷于汽车吗？即使污染水平下降，但鉴于中国和其他国家的人口老龄化情况，环境健康影响还会上升吗？中国对物质财富的满足水平是否会比许多西方国家低很多？新兴技术是否会为绿色发展带来净效益，抑或仅仅是用新挑战替代了老问题？一系列问题使得我们对2035年的情况预测变得更加困难，另一个长期目标（2050年）的情况也变得更加不确定。在过去几十年中，中国已经证明，设定明确的目标确实带来了许多好处，也在一定程度上有助于增强国家的适应力。

从部门各自为政转变为更加全面的生态文明关键政策路线图，为环境保护提供了另外的观察视角。然而，一般而言，过去的一些经济模型和其他预测工具对于未来的不确定性来说，可能显得过于线性、简单。

## （七）绿色供应链

作为现代全球化的基础，绿色供应链可以确保通过良好的实践，提高生产能力，快速销售技术创新产品，并向生产者和消费者保证产品的安全性和环境友好性。这是供应链的理想化愿景——严格标准，应用透明，并且贯穿从原材料到最终消费者使用和处置的整个过程。环境因素的考量应该被纳入供应链的各个阶段，但是现实情况并非如此。商品供应链往往成为人们关注的焦点，特别是涉及土地流转（棕榈油、大豆）、不完善的监管链（远洋捕捞船队）、非法采购、未考虑循环经济因素（处置电子产品）等情况时。这使得将碳足迹纳入供应链得到了越来越多的关注。毫无疑问，通过供应链控制还可以解决其他问题，如塑料产品对海洋的影响。

推动绿色供应链通常被视为跨国公司的义务，这些公司的生产和（或）销售高度依赖于其社会声誉的维持。沃尔玛和宜家以及其他许多公司都在努力使绿色供应链成为其业务战略的重要组成部分。作为供应链的一部分，小型企业可以制造或销售产品提供给国际市场，但如果没有得到相当大的帮助，这些中小企业可能很难达到绿色标准。国家标准和国际标准之间也可能存在差异。这些问题阻碍了全球绿色供应链的发展。如“中国制造 2025”可能会推动可持续性标准的广泛应用。精明的营销人员可以提供可靠的绿色标识和更多的绿色产品帮助消费者做出绿色消费选择。中国庞大的消费市场可以促进新型绿色产品的快速推出，同时降低全球绿色产品的成本，例如，使用发光二极管（LED）灯照明。

## （八）“一带一路”与 2030 年可持续发展目标

目前，“一带一路”项目主要集中在沿线国家的基础设施改善方面，有些项目的规模很大。然而，随着时间的推移，它无疑将会涉及贸易和投资的其他内容，其中一些可能会有助于加快 2030 年可持续发展议程目标的实现。这将会促进这些国家优先行动的落实，气候变化或海洋可持续性等事项也将有助于实现全球目标。“一带一路”孕育着重大的绿色发展机遇，以及推广生态文明理念的巨大潜力。中国有必要制定一个充分考虑 2030 年可持续发展目标的 2035 绿色“一带一路”倡议，并定期将其与各国的实际成效进行比较（包括中国自身的进展）。

这种措施与中国自身对于 2035 年环境和生态保护进步的努力相契合。它也有助于推动中国发展合作政策实施、应对气候变化南南合作以及大湄公河次区域绿色发展等各种区域合作。

# 七、结论

本关注问题报告阐述了《未来的冲击》和绿色新时代方面的内容。事实上，还可以介绍更多内容，例如，一些国家如中国的人口老龄化问题，及其他青少年人口为主的国家，对全球人口结构的影响。当然，在需求方面的代际差异很难调和，也许还包括对绿色发展的态度。一些专家预测，气候变化以及土地与水的不足问题将持续造成冲击。环境和健康仍将是一个主要问题，特别是在国家和地方处理此类问题的能力方面。尽管还有很多工作要做，但中国清醒地将其作为一个重要的政治问题加以关注，这也是2035年目标的一个重要议题。亚洲其他国家的一些城市，现在正面临着空气污染和水污染的危机。对此，中国是否在一定程度上可以通过分享经验来为他们提供帮助值得探索。

所有这些例子都表明了社会和政治维度在推动可持续发展和生态文明方面将发挥重要作用。即将到来的绿色新时代应，围绕新的就业机会、健康的生活环境以及缩小收入差距，建立积极对话机制等方面给予高度重视。当然，保证公众为绿色发展做出贡献的机会以及推动各国性别主流化也至关重要。

在这个充满挑战的时代，中国将会继续致力于在促进绿色发展和可持续发展中发挥重要作用，也希望其他国家为之共同努力。

# 附件

# 国合会 2018 年年会<br>主要参会人员名单

# 一、委员

## 主席团

| | | |
|---|---|---|
| 韩正 | 国务院副总理 | 国合会主席 |
| 李干杰 | 生态环境部部长 | 国合会执行副主席 |
| 麦肯娜（女） | 加拿大环境与气候变化部部长 | 国合会执行副主席 |
| 解振华 | 中国气候变化事务特别代表<br>十二届全国政协人口资源环境委员会副主任<br>国家发展和改革委员会原副主任 | 国合会副主席 |
| 周生贤 | 十二届全国政协人口资源环境委员会副主任<br>原环境保护部部长 | 国合会副主席 |
| 施泰纳 | 联合国开发计划署署长 | 国合会副主席 |
| 赫尔格森 | 可持续海洋经济高级别小组挪威特使<br>挪威前气候与环境大臣 | 国合会副主席 |
| 赵英民 | 生态环境部副部长 | 国合会秘书长 |

## 中方委员

| | |
|---|---|
| 刘世锦 | 全国政协经济委员会副主任，中国发展研究基金会副理事长，国务院发展研究中心原副主任<br>国合会中方首席顾问 |
| 韩文秀 | 中央财经委员会办公室副主任，国务院研究室原副主任 |
| 杨伟民 | 第十三届全国政协常委，全国政协经济委员会副主任，原中央财经领导小组办公室副主任（请假） |
| 张军 | 外交部部长助理 |
| 辛国斌 | 工业和信息化部副部长（请假） |
| 刘伟 | 财政部副部长 |
| 王宏 | 自然资源部党组成员、国家海洋局局长 |
| 王受文 | 商务部副部长（请假） |
| 周伟 | 交通运输部总工程师 |
| 陈雨露 | 中国人民银行副行长，全国政协经济委员会副主任（请假） |
| 陈立 | 中央党校校委会委员，国家行政学院院委会委员 |
| 王峰 | 全国人大监察和司法委员会委员，中央机构编制委员会办公室原副主任 |
| 徐宪平 | 国务院参事、北京大学光华管理学院特聘教授，国家发展和改革委员会原副主任 |
| 仇保兴 | 国务院参事，住房和城乡建设部原副部长 |
| 李小林（女） | 中国人民对外友好协会会长（请假） |

| | |
|---|---|
| 唐华俊 | 农业农村部党组成员，中国农业科学院院长，中国工程院院士 |
| 张亚平 | 中国科学院副院长、党组成员，院士（请假） |
| 蔡昉 | 中国社会科学院副院长、党组成员，十三届全国人大常委会委员（请假） |
| 郝吉明 | 清华大学环境学院教授，中国工程院院士 |
| 舒印彪 | 国家电网公司董事长、党组书记，国际电工委员会主席，十三届全国政协人口资源环境委员会委员（请假） |
| 傅育宁 | 华润（集团）有限公司董事长，第十三届全国政协常委（请假） |
| 钱智民 | 国家电力投资集团公司董事长、党组书记 |
| 王小康 | 中国工业节能和清洁生产协会会长，中国节能环保集团公司原董事长 |
| 王天义 | 中国光大国际有限公司执行董事兼行政总裁 |
| 杨敏德（女） | 溢达集团董事长 |

## 外方委员

| | |
|---|---|
| 汉森 | 加拿大国际可持续发展研究院高级顾问、原院长<br>国合会外方首席顾问 |
| 蒂默曼斯 | 欧盟委员会第一副主席（请假） |
| 罗姆松（女） | 瑞典前副首相兼气候与环境大臣 |
| 普拉特 | 澳大利亚环境与能源部常务副部长 |
| 李德薇（女） | 荷兰基础设施与水管理部秘书长（请假） |
| 伊纳莫夫 | 俄罗斯自然资源与环境部高级代表、国际合作司司长（请假） |
| 克劳茨贝格尔（女） | 德国联邦环保署署长 |
| 卡梅拉 | 意大利环境、领土与海洋部高级代表，国际事务司司长 |
| 恩科巴（女） | 南非环境部秘书长 |
| 尚德拉 | 柬埔寨环境部原副国务秘书（请假） |
| 南川秀树 | 日本环境卫生中心理事长，环境省原事务次官 |
| 尹丞準 | 韩国环境工业与技术研究院原院长，韩国首尔国立大学教授 |
| 马瑟尔 | 印度总理气候变化委员会委员，能源与资源研究所所长（请假） |
| 李勇 | 联合国工业发展组织总干事 |
| 格奥尔基耶娃（女） | 世界银行首席执行官（请假） |
| 格罗夫 | 亚洲开发银行副行长 |
| 阿姆斯贝格 | 亚洲基础设施投资银行副行长（请假） |
| 安德森（女） | 世界自然保护联盟总干事 |
| 费翰思 | 国际竹藤组织总干事 |
| 贝德凯 | 世界可持续发展工商理事会会长 |
| 兰博蒂尼 | 世界自然基金会总干事 |
| 德吉奥亚 | 美国乔治城大学校长 |

| | |
|---|---|
| 麦克尔罗伊 | 哈佛大学环境科学教授、原哈佛大学环境中心主任 |
| 斯蒂尔 | 世界资源研究所总裁兼首席执行官 |
| 魏仲加 | 加拿大国际可持续发展研究院院长 |
| 温特 | 挪威极地研究所科研主任 |
| 海茨 | 能源基金会首席执行官（请假） |
| 汉兹 | 洛克菲勒兄弟基金会总裁 |
| 戴芮格（女） | 公共土地信托基金会总裁兼首席执行官（请假） |
| 特瑟克 | 大自然保护协会首席执行官 |
| 麦克劳克林（女） | 沃尔玛基金会主席，沃尔玛公司高级副总裁兼首席可持续发展官 |
| 佩纳 | 西班牙盈迪德集团首席可持续发展官 |

## 二、特邀顾问

### 中方特邀顾问

| | |
|---|---|
| 范必 | 中国国际经济交流中心特邀研究员 |
| 李俊峰 | 国家应对气候变化战略研究和国际合作中心原主任、研究员 |
| 李朋德 | 中国地质调查局副局长 |
| 吉拥军 | 中国人民对外友好协会美大工作部副主任 |
| 胡保林 | 原国务院三峡办副主任，环境保护部党组成员 |
| 董小君（女） | 中央党校（国家行政学院）经济学部副主任（请假） |
| 张永生 | 国务院发展研究中心发展部副部长、研究员 |
| 张远航 | 北京大学环境科学与工程学院院长，工程院院士（请假） |
| 贺克斌 | 清华大学环境学院院长，工程院院士 |
| 赵忠秀 | 对外经贸大学副校长，低碳经济研究所所长、教授 |
| 叶燕斐 | 原中国银监会政策部巡视员 |
| 薛鹤峰 | 兴业银行副行长（请假） |
| 马骏 | 清华大学金融与发展研究中心主任，中国人民银行研究局原首席经济学家 |
| 刘昆（女） | 中国新兴（集团）总公司总经理（请假） |
| 刘天文 | 软通动力董事长兼首席执行官（请假） |
| 翟齐 | 中国可持续发展工商理事会副秘书长 |

### 外方特邀顾问

| | |
|---|---|
| 阿布杜拉维 | 中亚区域环境中心执行主任 |
| 艾弗森 | 挪威国际气候与环境研究所原所长 |

| | |
|---|---|
| 拜姆森 | 澳大利亚国立大学管理和全球治理学院荣誉教授，原绿色气候基金秘书处执行主任（请假） |
| 巴布纳 | 世界资源研究所全球执行副主席兼常务董事 |
| 龙迪 | 克莱恩斯欧洲环保协会（英国）北京代表处首席代表 |
| 科恩（女） | 以色列环境部可持续发展高级副司长 |
| 康提思 | 德国环境部联合国和发展中国家合作部主任，2030 年可持续发展目标专员 |
| 石井菜穗子（女） | 全球环境基金首席执行官兼主席 |
| 杰斯佩森（女） | IDH 可持续贸易倡议机构国际合作伙伴和融资部主任，丹麦全球绿色增长论坛原主任 |
| 库伊雷斯梯纳 | 瑞典斯德哥尔摩环境研究院院长 |
| 李永怡（女） | 英国皇家国际事务研究所国际经济金融研究主任 |
| 麦克格洛（女） | 加拿大皮尔逊学院院长 |
| 麦克莱 | 新西兰皇家科学院环境科学研究院总裁（请假） |
| 莫马斯 | 荷兰环境评估委员会主席 |
| 蒂艾宁 | 芬兰环境部行政及国际事务司司长 |
| 谢孝旌 | 非洲开发银行执行董事（请假） |
| 沃格雷 | 世界经济论坛全球可持续发展中心负责人 |
| 张红军 | 霍兰德奈特律师事务所合伙人<br>美国能源基金会董事兼董事会中国委员会主席 |
| 张建宇 | 美国环保协会副总裁，中国项目主任 |

# 三、专题政策研究项目组长

| | |
|---|---|
| 王毅 | 中国科学院科技战略咨询研究院副院长 |
| 韩佩东（女） | 英国儿童投资基金会首席执行官 |
| 邹骥 | 美国能源基金会北京办公室总裁 |
| 高吉喜 | 生态保护红线专家委员会主任委员、首席专家 |
| 马克平 | 中科院生物多样性委员会副主任 |
| 李琳（女） | 世界自然基金会全球政策宣传部主任 |
| 汉森（兼） | 国合会外方首席顾问 |
| 苏纪兰 | 中国科学院院士，国家海洋局第二海洋研究所名誉所长 |
| 温特（兼） | 挪威极地研究所科研主任 |
| 张永生（兼） | 国务院发展研究中心发展部副部长 |
| 郑思齐（女） | 麻省理工城市研究与规划系副教授，未来中国城市实验室主任，清华大学教授（请假） |
| 王金南 | 中国工程院院士，生态环境部环境规划院院长 |
| 格罗夫（兼） | 亚洲开发银行副行长 |
| 胡保林（兼） | 天津大学中国绿色发展研究院名誉院长；国务院三峡办原副主任 |

| | |
|---|---|
| 克劳茨贝格尔（女）（兼） | 德国联邦环保署署长 |
| 任勇 | 生态环境部环境发展中心主任 |
| 范必 | 中国国际经济交流中心特邀研究员 |
| 罗姆松（女）（兼） | 瑞典前副首相兼前环境大臣 |
| 张建宇（兼） | 美国环保协会副总裁，中国项目主任 |
| 周国梅（女） | 中国—东盟环境保护合作中心副主任（主持工作） |
| 史育龙 | 国家发改委宏观经济研究院国土开发与地区经济研究所所长 |
| 卡布拉基（女） | 国际自然保护联盟亚洲区办公室主任和亚洲—大洋洲区域中心主任 |

## 四、特邀嘉宾

| | |
|---|---|
| 罗世礼 | 联合国驻华协调员，联合国开发计划署驻华代表 |
| 郁白 | 欧洲联盟驻华大使 |
| 安思捷 | 澳大利亚驻华大使 |
| 麦家廉 | 加拿大驻华大使 |
| 裴凯儒 | 挪威驻华大使 |
| 高文博 | 荷兰驻华大使 |
| 林戴安 | 瑞典驻华大使 |
| 斯特斯基 | 加拿大国会众议院议员 |
| 洛克菲勒（女） | 洛克菲勒兄弟基金会董事会主席 |
| 图比娅娜（女） | 欧洲气候基金会首席执行官 |
| 茹冠洁（女） | 美国环保协会国际总裁 |
| 曼扎纳雷斯 | 绿色气候基金秘书处执行主任副执行主任 |
| 潘兴 | 威廉和弗洛拉•休利特基金会环境项目总监 |
| 桑加苏伦•奥云（女） | 绿色气候基金秘书处对外事务总监，蒙古国原外交部部长 |

# 致　谢

中国环境与发展国际合作委员会（简称国合会）在2018年开展了“全球气候治理与中国贡献”“2020后全球生物多样性保护”“全球海洋治理与生态文明”“区域协同发展与绿色城镇化战略路径”“长江经济带生态补偿与绿色发展体制改革”“2035环境质量改善目标与路径”“绿色转型与可持续社会治理”“绿色‘一带一路’与2030年可持续发展议程”等研究，得到了中外相关专家（包括国合会中外委员）和各合作伙伴的大力支持。本书以2018年政策研究成果为基础编辑而成。在此，特别感谢参与这些研究工作的中外专家以及为研究做出贡献的有关人员，他们是：

第一章 / 刘慧，John Mimikakis，曹玲，韩杨，John Virdin，Jake Kritzer，孙芳。

第二章 / 刘世锦，Arthur Hanson，张永生，李永红，张建宇，Knut Alfsen，Dimitri de Boer，王勇，张慧勇，秦虎。

第三章 / 刘世锦，Arthur Hanson，张永生，李永红，张建宇，Knut Alfsen，Dimitri de Boer，王勇，张慧勇，秦虎。

第四章 / 刘世锦，Arthur Hanson，张永生，李永红，张建宇，Knut Alfsen，Dimitri de Boer，王勇，张慧勇，秦虎。

与此同时，我们还要特别感谢国合会的捐助方及合作伙伴们，包括加拿大、挪威、瑞典、德国、荷兰、意大利等国家政府；欧盟、联合国环境规划署、联合国开发计划署、联合国工业发展组织、世界银行、亚洲开发银行、世界经济论坛、世界自然基金会、美国环保协会、美国能源基金会、洛克菲勒兄弟基金会、大自然保护协会、世界资源研究所、国际可持续发展研究院、克莱恩斯欧洲环保协会等国际组织和机构、国际非政府组织等，他们提供的资金及其他方式的支持是政策研究工作顺利开展的坚实基础。

另外，我们还要感谢以下及其他未列出名字但做出贡献的人员，包括李孔争、赵海珊、王冉、黄颖等，他们都为本书的编辑和最终出版付出了大量辛劳。